鐘錶的科學

錶面底下隱藏著時間的祕密，
科學如何用尖端的技術追求
〈分秒不差〉

作者：織田一朗

晨星出版

前言

現在應該很少人會把遲到的理由怪罪給鐘錶時間不準吧。不過，約一九七〇年以前，鐘錶的時間不準是遲到最普遍的藉口。「對不起遲到了，手錶慢分沒趕上電車」，過去只要提出這套說詞，通常對方都能坦然接受。

當時除了部分的高級錶外，一般的手錶精度每天會出現十五～二十秒鐘的誤差，連續一個月未校正鐘錶的時間就會出現四～五分鐘的差異。所以很多人都故意將手錶調快一些，與人相約見面也會考慮對方手錶的時差，提早個五～十分鐘抵達。鐘錶業者也認爲「維持鐘錶時間精度是使用者的責任」，甚至廣告裡還出現過「週一早晨要記得對時調整手錶的時間喔」的宣傳。

但是，近來若說「時鐘慢分了」，一定會被反問是不是電池沒電了，還是使用的鐘錶不是電波時鐘，鐘錶的準時現在變得更爲重要了。

人們對鬧鐘的時間要求得更是嚴謹。過去由於鬧鐘採用的都是製造成本相對低廉的機芯，很難保證時間的精度，一天落差大約三十秒。若談到鬧鈴響起的時間，其精度就更加粗糙了。鬧鐘的鬧鈴控制採用原始的機械方式，鬧鈴到達設定時刻之所以會鳴叫，是因爲與「時針」一起轉動的齒輪突起部位，遇上了與「鬧鐘時刻的針」一起轉動的齒輪的孔時，突起部位落入孔內就會啓動鬧鐘鈴響。所以在時鐘計時上，齒輪動作緩慢也會反應在鬧鐘動作上，造成誤差產生，導致鬧鈴響起的時間，可能與設定時間相差數分鐘到十幾分鐘。除此之外，還有齒輪「縫隙」也會影響到精度誤差，這通常會造成鬧鐘鬧鈴誤差高達二十～三十分鐘。如果一個鬧鐘會發生三十分鐘的誤差，表示當鬧鐘設定爲六點鐘時，實際上鬧鐘響起的時間會落在五點三十分到六點三十分之間。

在此同時，鬧鐘響鈴的時刻設定採用的是類比的針（鬧鐘定時針），固定在鐘面下方，這根針又小又短，無法確實指示鐘面的文字，只是「目測抓個約略值」而已。因此，在鬧鐘響鈴時間的設定上也會發生相當的誤差。

所以人們爲了正確設定鬧鐘的響鈴時間會先參考第一天實際鬧鈴響起的時刻，隔天再微幅調整鬧鈴定時針的設定位置。

對比較難被鬧鐘吵醒的人而言，最糟糕的事情莫過於廉價的鬧鐘機種上，讓鬧鈴響起的發條與驅動時鐘的發條爲同一組發條。當使用者未能在鬧鐘還在響鈴的期間內起床，過一段時間鬧鐘響鈴本身甚至都會停擺。這往往讓人在張眼醒來時，發現自己沒聽到鬧鐘的鈴聲，而且連鬧鐘的時針分針都靜止不動。鬧鐘主人若未能明白時刻顯示與鬧鐘設定兩者間的因果關係，可能要誤會鬧鐘是因爲時針分針停擺導致鬧鐘沒響，但是其實不然。當然有些鬧鐘的時間發條與鬧鈴的發條各自獨立各司其職，不過這樣的鬧鐘價格比較昂貴，當然銷售量也有限。

鬧鐘的誕生對鐘錶製造廠帶來了一個難題，那就是在當年，壁掛鐘的價格約在七千～八千日圓之間。相對於此，鬧鐘多了鬧鈴機構，零件的數量也更多，但是暢銷的價格帶卻落在二千日圓前後。因爲當年日本人的習慣還是以在塌塌米上鋪棉被睡覺爲主流，早晨醒來摺被子時，就將鬧鐘拿起放到衣櫥頂上，這樣的生活形態讓鬧鐘一天只派上用場一次。對使用率低的鬧鐘不願多花錢的這種意識作怪，正如前文所述，鬧鐘價格也因此較爲低廉。

消費者不願意花大錢買鬧鐘的傾向非常明顯，只要是售價低於二千日圓的就很容易賣出，一旦鬧鐘售價超過三千日圓就會滯銷。所以鬧鐘製造廠商只好對時間的精度睜一隻眼閉一隻眼。

在那個年代，時鐘採用機械加工的方式製造，所有零件都是一個一個以切削或沖壓的方式製作。若要提高時間精度，第一個步驟就是提高每一個零件的加工精度，這件事在成本面上很難做到。以齒輪爲例，一般在製造時鐘上需用到三～四片的齒輪，每一片齒輪都是在微小的黃銅圓盤周圍，以切削加工方式精確地切削四十～五十次製成。追求降低零件的製造成本，就必須儘量減少製造工序，縮短製程時間。而且，當年尚未出現在海外生產精密機械的生產方式。

不過，消費者並不明白這些狀況，鬧鐘於是淪爲「不可靠」的代名詞。

到了一九七〇年代石英（水晶）鐘普及後，情形就大爲改觀了。即使三～四個月才做一次鐘錶對時調整的動作，時間的誤差也都在一分鐘以內，一般人也認爲鐘錶的時間精確可信。

鬧鐘的進化更是驚人。即使是廉價機種的石英鐘，一個月間的時間精度落差最大只有三十秒鐘，電子技術的運用更讓鬧鈴的精度達到零誤差。由於鬧鐘的時刻設定是以數字顯示，設定更以分鐘作爲計算單位，所以鬧鐘響鈴的作動精準無誤差。此外，只要電池電力飽足，鬧鈴持續響個二、三十分鐘也絕不是問題，絕無突然停擺的情形發生。

石英鐘同時也降低了製造成本，再加上合成樹脂（塑膠）精密加工技術的確立，讓精細的齒輪可輕易地利用塑膠材料成形加工，更是降低了製造成本。到了這個階段，只需花費一千日圓即可買到時間正確又方便使用的鬧鐘。

不過，能走到這一步還是有賴人類長達四千年～五千年時鐘相關歷史的累積。爲了製造出時間正確的時鐘，每一代優秀的科學家與技術人員都運用了智慧與當時最尖端的技術挑戰未知。

在此同時，當精度超越石英錶、三千年的誤差在一秒鐘以內的原子鐘誕生之後，也顚覆了過去人類堅信地球自轉「絕無誤差」的想法，地球自轉也存在誤差與不精確的情形獲得確認，翻轉了過去人類的時間觀念。

儘管如此，科學家們對於「追求精度」這件事的腳步未有停歇。原子鐘經過改良以後精度高達「二千萬～三千萬年的誤差在一秒以內」，這一點也不再讓人大驚小怪。科學家們目前把研發的目標放在「三百億年的誤差在一秒以內」的光晶格鐘（optical lattice）上。三百億年的時間已經比宇宙一百三十八億年的歷史還長，這個目標也讓人切身體會到天才物理學家愛因斯坦所提倡的「相對論」世界。

本書是一項野心勃勃的企劃，企圖將長達五千年的計時歷史以及未來時鐘的故事都濃縮成一冊。在進入詳細正題以前，請各位讀者有些基本認識，以幫助了解時鐘的基礎概念。時鐘的基本構成包括：

①驅動的動能來源

②如何提供規則正確的擺動（週期、節奏）以作爲時間訊號源

③顯示時刻的機構

（參照次頁的圖）。

那麼，就讓我們出發踏上旅程，了解時間與時鐘的眞理與眞相！

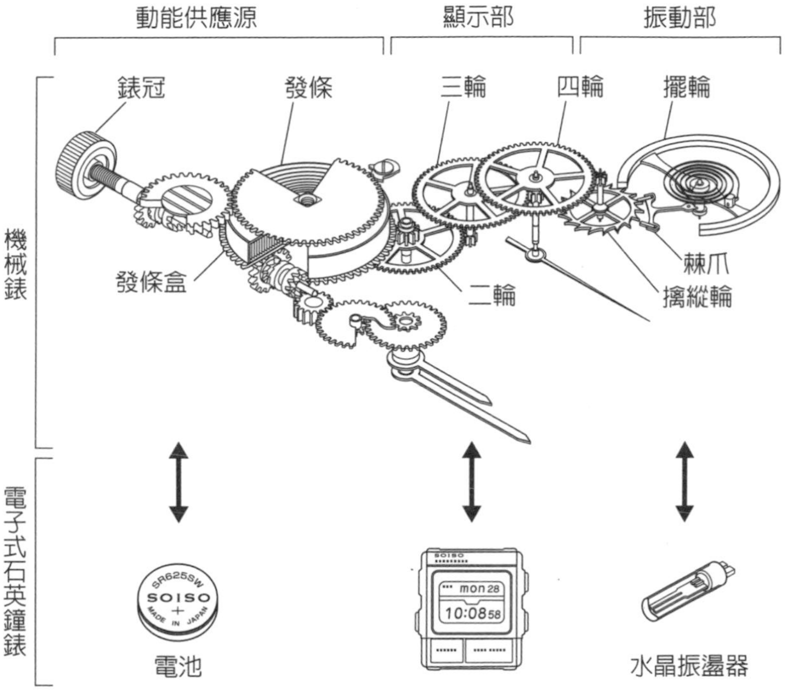
動能供應源
顯示部
振動部
錶冠
發條
三輪
四輪
擺輪
機械錶
發條盒
二輪
棘爪
擒縱輪
電子式石英鐘錶
SR625SW
SOISO
MADE IN JAPAN
電池
SOISO
mon 28
10:08 58
水晶振盪器

鐘錶的基本要素

鐘錶的科學　目次

第3章 手錶的誕生

89

第4章 電子技術促成石英錶、數位錶的誕生

第5章 超高精度的鐘錶與未來 189

第1章

發現時間的存在

人類最早的時鐘─日晷

是誰這麼了不起，首先察覺到時間的存在？到底他是如何發現了這個眼睛看不到的東西「存在」呢？

據說，人類是因爲見到樹木或石頭的影子隨著太陽移動而變長或改變方向，才察覺到時間的存在。我們後人無法推測當初人類是在什麼狀況下發現了時間的存在，當然也無法確定「第一個發現時間存在的人」是誰，但是這個人實在太聰明了。

人類最早製作的時鐘稱作日晷（**圖1－1**）。誕生於幼發拉底河流域的美索不達米亞文明以及埃及文明中，這兩種文明都可見到日曆與日晷的歷史痕跡。美索不達米亞文明的人們在紀元前一萬年左右就從事農業耕種，他們十分關注自然與季節的變化。因爲什麼時候應該播種、什麼時間點採收能獲得最大的收穫量、冬季到來以前，須提早多久時間開始著手過冬的準備……這些生命、生活中的事物都與自然與季節變化息息相關。早在紀元前四千年～紀元前三千年之間的埃及壁畫中，就已經出現了日晷的繪圖。

圖1-1　各種造型的日晷
照片從左上依順時鐘方向分別為晷影器、垂直型日晷、半球形日晷、口袋型日晷（照片提供：The Seiko Museum Ginza）

對古人而言，月相（月亮形狀）的改變是掌握時間變化的重要線索。他們透過經驗了解到，月亮以大約三十天（正確數字爲二十九點五日）爲週期反覆月圓月缺，在月亮反覆圓缺的週期出現了十二次後，相同的季節會再度到來，這類知識的日積月累也發展出後來的天文學。

發展出美索不達米亞文明的蘇美人已經發展出日曆，以三十天作爲一個月，他們也建立起一天十二個小時，一小時六十分鐘，一分鐘六十秒的時間制度。而且在紀元前三千年左右所興建的金字塔內部，也留下了記載當時將白天夜晚分別分成十二等分的記錄。

最早的日晷一般呈現「杜型」，直立垂直於地面，透過晷影器（Gnomon）的方位與長度只能判斷大概的時間。後來人類又發展出在圓盤中央插入一隻棒子豎立在地面的「赤道型（晷影）日晷」、垂直設置在建築物牆面上的「垂直型日晷」，以及簡化後方便攜帶的「口袋型日晷」等類型。

只要明白日晷的相關科學知識，即可在任何地方設置日晷。而且日晷零維修，完全不需要維護保養的作業，也因此普遍擴及中近東、希臘、羅馬等世界各個地區，廣被人類使用。紀元前四世紀，在天文學以及哲學（涵蓋時間論在內）發達的希臘，知名的哲學家柏拉圖就在雅典郊外設置了能顯示時刻、同時也能顯示天體位置的天文鐘。大約在同一時期，馬其頓的帕曼紐將軍發明了晷影器。晷影器是會隨太陽的腳步轉動、修正顯示時間的一種日晷。二世紀時，羅馬天文學家托勒密（Klaudios Ptolemaios）完成了數座時間能隨著行星變化的天文鐘。

另外，發現地球重力的物理學家艾薩克·牛頓（Isaac Newton，一六四三～一七二七年）發明了室內用的日晷。這種室內日晷是應用小鏡子反射太陽光會反射光點在牆面的原理。首先，將鏡子安裝在住家向南的房間中，在每天同一時間記錄投影在牆上的光點位置，連續記錄一年就可以在天花板與牆面標出時刻的鐘面。這種「不使用晷影器」的日晷時鐘點子相當創新，看似是一種劃時代的創見，但是一天能夠得知時刻的機會只有一次，而且只在一定時刻。所以這個日晷是否能稱作「時鐘」仍有待商榷。

日晷乍看之下欠缺精度，無法期待能顯示出正確的時間。不過，若能算出日晷安裝地點的經緯度，調整晷影器（Gnomon）的角度，就能將顯示的時間精度縮小到三十秒內。不過，日晷是採用「不定時法」（以季節性爲前提，將白天、夜間分別分成六等分的時刻制度）的方式顯示設置場所當地的時間，現代的國家時間則是採用「定時法」（不分四季，將一天分成二十四等分的時刻制度），兩者之間還是存在時間差。

從整體來看，人類鍾情於日晷，對日晷的情感強烈。即使在一三〇〇年前後歐洲已經出現了機械鐘，但人類仍同時兼用日晷好一段時間，而且現代社會依然會建造日晷，表達對時鐘科學的仰慕，以及對宇宙的浪漫情懷，將日晷當作一種紀念物。

不限場所皆可設置的水鐘

日晷雖然是一項了不起的發明，但是隨著生活中應用日晷的機率日益頻繁，日晷的缺點也開始清楚浮現。例如在無法仰望天空的室內或者夜間，日晷在缺乏日光的處所或時期就完全無法發揮作用。

對此，人類發明了水鐘來彌補。水鐘是利用流過固定尺寸小孔的水量與耗費時間之間的關係來計時。這個道理應該源自於古人觀察水滴的過程時，發現了時間與水量之間的關係，進而應用這個關係計時。儘管水鐘的基本原理單純，但是容器形狀或承裝水量都會影響水壓，水壓變動則會改變排出的水量，因此一個精確的水鐘在製作上依然相當複雜困難。

現存最古老的水鐘是在紀元前一四〇〇年前後，埃及爲阿蒙諾菲斯（Amenophis）

圖1-2　現存最古老的水鐘（開羅博物館館藏品，照片提供：The Seiko Museum Ginza）

法老所製作的水鐘（開羅博物館館藏品，**圖1-2**）。這個水鐘是一個內側刻有刻度的土器，底部有開孔，透過讀取容器內盛水的水面液位刻度得知「時間」。推測當時的人們會在日落時，將水裝滿至事先訂定的位置，藉此計算夜間的時間。

不過，水鐘最麻煩的是必須有人員保養管理。管理作業包括：頻繁地補充水以作爲時鐘的動能。同時，還必須照顧好排水溝的通暢，避免堵塞發生。除此之外，水鐘雖能用於計算時間的流逝，但卻無法直接使用。使用水鐘以前，首先必須先以日晷確認開始注水的時間，以此爲基準才能測量後續水流的時間。水流時間必須經過換算才能得知時刻，須耗費一番工夫。

在傳統觀念中，一般人認爲「時間是屬於神的東西」，因此早期日晷是由僧侶管理。但是進入希臘時代以後，則換成科學家管理日晷。紀元前四世紀，希臘的柏拉圖發明了水鐘，在此契機下，科學家們也運用了當時的物理學、天文學等的科學知識改良水鐘。在亞歷山大時代，甚至製作了擁有八十三個水量調整孔、採用虹吸管、幫浦以及壓縮空氣的大型水鐘。

順便介紹，羅馬時代的法院裡已經開始使用水鐘。水鐘的功能，是爲了讓檢察官、辯護人擁有同樣的發言時間，以期達到公平公正的審判。不過，水鐘也曾經發生弊案，主管時鐘的官員收取惡劣辯護人的賄賂，計時時，故意在水瓶中加入泥土，延緩水流的速度。

隨後水鐘流傳到世界各地，在中國也發明了名爲「漏刻」的水鐘。「漏刻」的設計，是利用注水水槽或水桶內的水或容器流出的水的變化，使用浮在水面上的浮箭或人偶指示時間刻度，以顯示時間。目前已經看到三千年前的周朝已經有使用漏刻的遺跡，但是到了東漢時代（西元二十五年～二二〇年），出現了水槽分成兩層的改良水鐘，所需貯水量較少還補正了誤差。到了西元六一八～九〇七年的唐朝，水槽進一步改良分爲四層，時間的精確度也大幅提高。

其中最受矚目的是在北宋時期元祐年間（西元一〇八六年～一〇八九年）興建於首都開封（今河南省）的水運儀象台（**圖1－3**）。這座水運儀象台的建築包含天文觀測設施在內，高度達十二公尺。在儀象台上可使用天文觀測設備「渾天儀」（當時觀測星象的天文望遠鏡）觀察太陽過中天的正確時間，再依此調控時鐘。

水運儀象台中的時鐘結構包括了一個汲水倒入「平水壺」的構造。「平水壺」為雙層結構，應用水鐘的原理運作，將下層壺裡的水倒入稱作「樞輪」的水車中。當流入「樞輪」內的水到達一定的水量後，上層的「擒縱器（Escapement，將水流產生的能量轉換成時鐘所需振動數的機構）」作動，以二十四秒轉動十度的頻率，一天正確地轉動一百次。與擒縱器相連的「晝夜機輪」圓盤利用齒輪減速，讓圓盤一天旋轉一周。「晝夜機輪」是由五層的「木閣」構成，在五層木閣的外緣設置有一六二座人偶。木閣正面有鏤空的間隙，人偶會手握著牌子出現在這個縫隙中。出現時人偶手持牌子的時間即為當下的時刻。水運儀象台除了以牌子顯示時刻外，也會以鐘、鼓、鈴、金鉦（銅鑼）發出聲響報時。

這當中有一個關鍵，就是渾天儀內安裝了「擒縱器（Escapement）」。擒縱器的功能

圖1-3　水運儀象台的全景透視圖。屋頂上設置的是渾天儀，建築物內部則為水鐘。高度10.4公尺，基座單邊6公尺寬。渾天儀上畫了約1500顆星星。（圖與照片提供：諏訪湖時間科學館 儀象堂）

②

①

③

①支撐渾天儀的龍柱以及站立一旁的觀測人（照片中央深色的人形）
②「晝夜機輪」內部的「木閣」。手持時刻牌子的人偶會轉動。
③報時人偶的放大照片，可顯示當時採用的「24小時制」，一天分為100等分的「100時刻制」「不定時法的夜間時刻」三種時刻制。

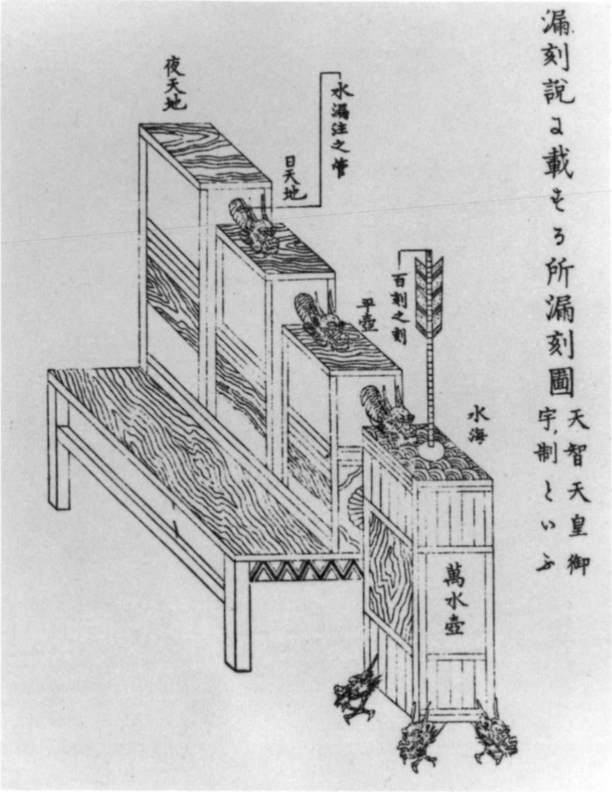

圖1-4　日本最古老水鐘「漏刻」的說明圖

是將動力來源的能量轉換成時鐘顯示的時間，也是機械鐘技術的關鍵。換個角度來說，水運儀象台可說是世界上第一個機械鐘，它的出現時間比歐洲早了約兩百年，說機械鐘因此被發明出來也不爲過。

這座水運儀象台在一一二七年遭到入侵的金朝軍隊破壞，不過，當時興建的科學家蘇頌所繪製的設計圖逃過了一劫。日本的專家與時鐘製造廠商經過仔細分析後，完成了復原圖，並且在一九九七年於長野縣下諏訪町重建了水運儀象台。

順帶說明，中國應該沒有製造過日晷。在中國，最早的時鐘歷史始於水鐘。日本的時鐘技術從中國輸入，情形和中國差不多。日本最古老的時鐘，是西元六六〇年由中大兄皇子在今日奈良的明日香村建造的漏刻（**圖1－4**）。在一九八一年著手展開的正式調查中，相關人士將奈良明日香村飛鳥水落遺址中所發現的漏刻遺跡加以計算，確定當時的技術已經相當精確，可測量到滿正確的時刻。

方便攜帶的火鐘

人類自從學會用火後，也發明了「火鐘」（燃燒時鐘）計時。西洋的「火鐘」通常使用蠟燭或油燈，但是在中國與日本，除了使用蠟燭與油燈外，還會使用香、線香、火繩等來計時。

蠟燭鐘是在蠟燭的側面劃上刻度，根據燃燒剩餘的刻度，計算所經時間的長短。中世紀的法蘭西盛行使用蠟燭鐘，路易九世（Louis IX）國王在十字軍東征時也攜帶蠟燭鐘同行，在軍隊的營帳裡使用。

油燈鐘則是在事先劃好刻度的容器中加油點火，根據燃燒剩下的燈油量計算時間。不過容器中承裝的油量多寡會影響下方燈油的壓力，改變燃燒的速度（油的消耗速度）。因此，油燈鐘會製作成西洋梨的形狀，均化油的壓力。

這些火鐘的火光也照亮了室內。在那個沒有電燈的年代，人們普遍相信神會在夜晚離開，惡魔隨即降臨，因此火光會帶給人類溫暖與心安。而且在尚未發明火柴以前，從零開始升起一盞火十分困難費力。所以，這種隨時可作爲點火工具的火鐘對人們而言，是具有高度實用價值的至寶。也因此，當機械鐘在一般家庭普及以後，較貧窮的家庭依然繼續使用油燈鐘。

火繩鐘用於古代的中國，它的原理是在長度五十～六十公分的火繩上標示許多記號，以此計算時間。火繩鐘被用來顯示站崗的輪班時間，使用時先在預定時間處打個結，藉此顯示時間。

由於燃燒會產生一定的氣味，所以有時會把香木粉製作的線香拿來當作火鐘使用。

在日本，最常見的火鐘是香盤鐘（**圖1－5**）。香盤鐘是在一個火缽狀的四方盤內先

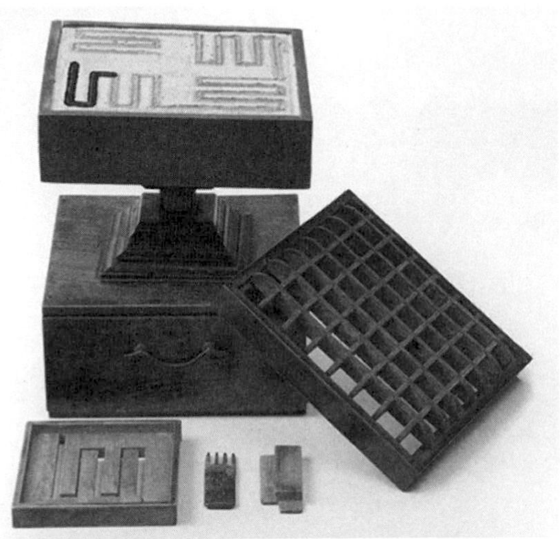

圖1-5　香盤鐘（照片提供：The Seiko Museum Ginza）

裝滿灰，然後放上一個設計用來讓鋪上去的香不會相互交錯的專用模具，最後再鋪上香。做好準備後，只需在香的一端點火，蓋上粗框的網目狀蓋子就完成了準備工作。希望知道時間時，只需觀看香正在燃燒的處所，對照網目狀蓋子上的時間刻度，即可得知當下的時間。當香全部燒完後，以耙子刷平香灰後即可再度使用。

除此以外，能散發高雅香氣的線香鐘（**圖1－6**）也很受歡迎，一些附庸風雅的場所都偏愛使用線香鐘。線香鐘也被用在花街的遊女屋，用來計算遊女的工作時間。遊女屋的掌櫃桌子上會放置一個可插入許多線香的多孔線香插座，客人上門時，掌櫃會按

圖1-6　線香鐘（照片提供：The Seiko Museum Ginza）

照客人挑選的遊女，在該遊女的專屬線香孔內插上一柱線香，開始計時。一柱香時間代表一個服務時段，線香燃盡時也意味著客人必須離開了，此時客人可以選擇離開或延長時間。掌櫃也會觀看線香的剩餘長度，算算多久以後可以接受下一位客人的預約。今天的藝妓屋依然保留這個習慣，儘管不再像過去實際燃燒線香，但仍以一柱香的燃燒時間（約四十分鐘）作爲計時單位，向客人收取「線香費」。

人類使用各種不同素材製作火鐘，但是素材的均質程度以及空氣的乾燥程度都會改變燃燒的速度，時間的計算不太精確。所以當機械鐘出現後，火鐘就消失得無影無蹤了。

簡易方便備受好評的沙漏鐘

只要談到「利用天然材料的便利時鐘」，就讓人不約而同地聯想到沙漏。在文學作品、詩歌中也經常提到沙漏。沙子流暢滑落的景象十分療癒，常常讓人看得忘我，在這瞬間也往往讓人忘記時間的流逝。

沙漏是將兩個西洋梨形狀的玻璃球結合在一起，在其中一方裝入沙子，然後將有沙子的玻璃球向上豎立時，上方球內的沙子就會開始滑落到另一個玻璃球內。當所有沙子都滑入下方的球內時，代表這個沙漏鐘的設定時間到了。沙漏裡的沙子量（與玻璃球大小成等比）代表滑落結束的時間長度。若要繼續計數計時的時間時，只需翻轉沙漏即可。

沙漏和機械鐘最早是鎖匠們在閒暇之餘製作的產物，因爲在鐘錶師傅這個職業誕生之前，歐洲只有鎖匠擁有精密加工技術。沙漏不像鎖鑰一樣，只有同業公會（Guild）的會員才能獲得製造許可。沙漏屬於「自由工藝」，因此各地公會的職人皆可自由製作。不過，後來沙漏的銷售量明顯成長，所以到了十七世紀，也被納入獨占性公會組織的管理範疇。

根據克里斯托夫·維格爾（Christoph Weigel）在一六九八年出版的著作《一般性實用主要職業圖解》的內容，要取得沙漏師傅資格，必須製作大小六種沙漏鐘，從數分鐘用到三小時用，通過檢定考試才能取得沙漏製作師傅的認證資格。

順帶說明一下當時沙漏鐘的製作方法。當時，只要將顆粒較大的沙子裝入玻璃容器內，就算完成一個沙漏鐘的製作，不過，製作好的沙漏還須經過檢驗。檢驗步驟爲，與檢定用的標準沙漏鐘同步啓動漏沙，當標準沙漏的沙子全部落下時，在該瞬間將所製作的沙漏倒下平放，然後打開所製作之沙漏球的腰部，將剩餘尚未落下的沙子取出，這才完成整個沙漏的製作。

沙子不似水，沒有結凍、蒸發的問題，因此沙漏在北歐地區尤其獲得重用。沙漏中的沙子若堵塞就無法發揮作用，所以當時使用的沙子是顆粒細緻、表面平整的德勒斯登（Dresden）沙，黑色大理石的細緻顆粒會以酒煮過調整表面。

有一說認爲沙漏是由第八世紀時的僧侶路易特普蘭德（Liutprand）發明，但是人們開始正式使用沙漏，可能是在歐洲發明出機械鐘（西元一三〇〇年左右）不久之前的十三世紀。隨後，儘管機械鐘已經問世，但人們依然使用沙漏很長一段時間。因爲沙漏價格便宜，同時具備相當的精度，使用方法簡單，隨時隨地都可使用。而且沙漏安靜，並且不易受溫度變化與搖晃等環境變因影響。

機械鐘在發明的初期體積龐大，而且會不斷發出吵雜的噪音。對講究寧靜的書齋或教會等處所而言，沙漏鐘依然是人們的最愛。沙漏經常被擺在神父與信徒閱讀的聖經旁邊，所以往往帶有精美的裝飾，並且以木碗或剪刀形的零件，或是蝶鉸（Hinge）固定，方便反覆翻轉使用。

講道聖壇的沙漏鐘對神父和信徒來說，代表已完成以及剩餘的講道時間長度，但有的時候神父太過熱情專注於講道，就可能出現信徒眼睜睜地看著神父又再翻轉沙漏鐘，宣布「我們繼續計時」的情形。

沙漏不易受溼氣、溫度、搖晃影響，是十八世紀航海船舶上愛用的計時工具。船上備有四小時、兩小時以及三十分鐘用的沙漏鐘，利用四小時沙漏翻轉的次數計算航行距離，船員也會使用三十分鐘沙漏計時，每三十分鐘敲響小鐘，向船員們報時。

計算值班時間用的沙漏鐘只有長官或舵手才有資格翻轉。即使如此，還是經常出現有人爲了偷偷縮短值班時間，在尚未到達指定時間前就翻轉沙漏鐘的情況。德國人稱這種行

圖1-7　世界最大的沙漏鐘「砂曆」（照片提供：仁摩砂子博物館）

爲爲「舵手偷斤減兩」，英國人稱做「舵手詐騙玻璃」，在法國文學中還有「舵手把沙子吃了」的形容方式。

時間未到就擅自翻轉沙漏鐘的不當行爲，不僅爲其他船員帶來困擾，也會導致船隻位置的測定發生誤判，威脅航海安全，故受到嚴格禁止，犯錯者也會遭受處罰。不過由於難以證明沙漏遭到擅自翻轉，因此防不勝防。

在此同時，人們也努力提升沙漏作爲計時器的功能性。包括增加玻璃球的數量以將容器分成小隔間，加上更細微的刻度讓時計更爲精確，或者以水銀取代沙子以提升精確度。此外，還有上方玻璃球鐘的沙子一漏光，沙漏即會自動翻轉的設計，各式各樣的構想煞費苦心。但是所有的設計方案，在追求改良效果的同時，也需要更大規模的裝置以實現輔助效果，這就相對降低了沙漏鐘便利性的優點，未對沙漏鐘的發展帶來太大助益。

話說回來，在日本有一個全世界最大的沙漏鐘，這個沙漏的計時長度爲一年，也就是一年只需翻轉沙漏一次。這個沙漏鐘位於日本島根縣大田市仁摩町的仁摩沙子博物館，該博物館在一九九〇年建造完成了這座「砂曆」（**圖1－7**），全長五點二公尺，直徑一公尺的容器中裝有一公噸的沙子。沙子通過直徑零點八四毫米的細管，以每秒鐘零點零三二公克的速度落下。這座沙漏鐘從一九九一年一月一日啓用，每年的十二月三十一日，博物館會邀請全體市民參與翻轉「砂曆」的儀式。

什麼是真正的花鐘？

利用大自然材料製作的時鐘裡以花鐘最爲美麗、浪漫。不過一般所謂的花鐘，通常是在花圃中安裝有時針、分針、秒針的時鐘。這類時鐘只能稱作花壇鐘，不是眞正的花鐘。

名正言順的花鐘是以栽種植物的開花來顯示時間。

最廣爲人知的花鐘是在一七五〇年前後，瑞典植物學家卡爾．林奈（Carl von Linné）所製作的花鐘。他使用花朵開放、閉合時間明確的花草，依序種植在鐘面的圓盤上。植物生長的最佳環境因品種而異，因此不同的地區、季節所種植的植物種類也不一樣。當時卡爾．林奈爲了證明植物也能顯示時間，因此特地製作了植物花鐘。

透過實驗，已經確認植物的開花並非因爲感受到陽光照射，而是植物的生物時鐘控制的結果。生物爲了繼續生存，必須配合日照、氣溫等環境的變化調整自己。這當中，生物時鐘的功能就是爲了控制生物本身的狀況，以配合外部環境的節奏。對植物來說，開花是傳宗接代、繁衍子孫很重要的一件事。但是花朵和強壯得足以承受風雨的莖葉畢竟不同，重要且嬌弱的部分毫無防備地暴露在外，因此須在適切的時間點、在最短的時間內完成授粉的動作。

卡爾．林奈選用的草花分別是：

六點鐘開花　金盞花（Calendula officinalis）

七點鐘開花　萬壽菊（Tagetes erecta）

八點鐘開花　山柳菊（Hieracium）
九點鐘開花　苦滇菜（Sonchus oleraceus）
十點鐘開花　矮小稻槎菜（Lapsana humilis）
十一點鐘開花　雅馬遜百合（Eucharis grandiflora）
十二點鐘開花　藍西番蓮（Passiflora caerulea）
一點鐘開花　膜萼花（Petrorhagia nanteuilii）
兩點鐘開花　瑠璃繁縷（Anagallis foemina）
三點鐘開花　黃花鼠耳菊（Pilosella aurantiaca）
四點鐘開花　田旋花（Convolvulus arvensis）
五點鐘開花　白水仙（Narcissus papyraceus）
六點鐘開花　黃花月見草（Oenothera glazioviana）

草花的開花時間與實際時間的誤差在三十分鐘之內。

卡爾．林奈這樣創舉對生物學家帶來很深的影響。日本居住在兵庫縣明石市的生物學家十龜好雄就受到林奈影響，設計了適合日本風土的花鐘。明石市是一般所知本初子午線通過的城市，十龜好雄先生耗費三十年時間研究與時間關係密切的常見草花，挑選出二十二科三十七種花卉。

紫露草（Tradescantia）會在上午五時十分左右開始綻放，一直到七時四十五分左右開花完畢。到了十時三十分左右花朵開始閉合，一直到十二時二十五分左右全部閉合。松葉菊（**Lampranthus spectabilis**）從上午五時三十五分左右開始綻放，約在九時四十分到下午一時前後滿開，在三時三十分閉合。稻槎菜（**Lapsana apogonoides**）在上午九時左右開始開花，約在十一時十五分到十二時三十分到達盛開，在下午二時三十分前後閉合。

二十一科三十種晝開型的花，平均開花所需時間為二小時二十五分，閉合的平均時間為二小時十四分鐘，兩者相差不多。從開始綻放到花朵閉合為止的「花的一生」其平均時間為九小時二十分鐘。

而且在十龜先生的研究中，很有趣地還包含了夜間開花的植物，他對夜間開花植物也做了一番檢驗。他證實可利用植物實現二十四小時的花鐘，這是林奈未曾做到的。

在夜間開花的植物中，紫茉莉（Mirabilis jalapa）在下午三時十五分左右開始綻放，到下午五點鐘時盛開，然後持續盛開到隔日上午約七時三十分。七時三十分到十點鐘之間花朵開始閉合進入睡眠。待宵草（Oenothera stricta）在午後六時三十五分開始綻放，在七時三十一分時盛開，花朵閉合的時間是在翌日早晨五時二十分到九時二十五分之間。

儘管這套理論並不適用於所有植物，但是開花的行爲受到植物的生物時鐘控制，用來顯示時間時，誤差竟然只有三十分鐘，讓人十分訝異。

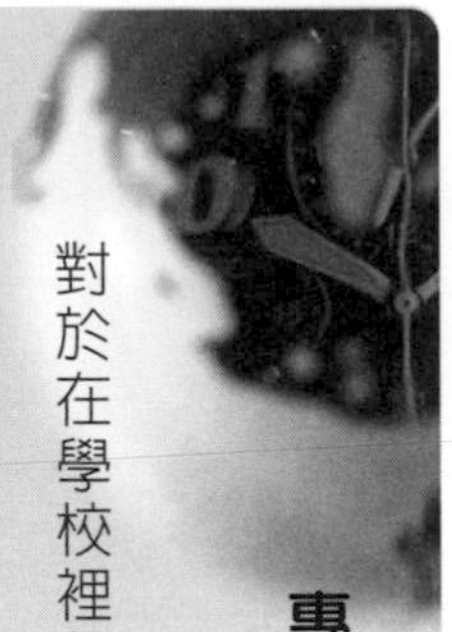

專欄1　一天為什麼是二十四小時？

對於在學校裡學習的是十進位制的現代人來說，時間的十二進位法、六十進位法的確給人一些違和感。畢竟在其他事物上，一般並不採用這樣的進位方式。計量單位中，為什麼會有如此特別的方式存在呢？

從歷史來看，古人會以身體的部位作為計量單位的基準。人類不僅扳著手指數數，同時也以身體部位當作量尺使用。例如拇指的寬度（inch）、拳頭的寬度（palm）、手掌張開最大時的姆指尖至小指尖的長度（span）、手肘的長度（cubit）、從腳趾尖到腳跟的長度（feet）等。在沒有測量工具的時代，人類在進行測量時通常先以拇指長度對比數數，若距離更長則換成拳頭，看看有幾個拳頭的長度。不過在測量時間上，人類卻無法拿身體部位的尺寸當作衡量的基準。

據說「分鐘」「小時」「日期」的時間與角度的測量方法最早出現在紀元前十五世

紀前後，是居住在幼發拉底河流域的巴比倫人建立的系統。角度一度等於圓周三六〇分之一，這個概念據說源自於太陽環繞天空一周所需的時間（一年等於三六五日）。

前文中也提過，古人知道月亮的圓缺週期是以三十天為一個週期，這樣的週期只要重複十二次，同樣的季節就會再度出現。巴比倫人將太陽從地平線露臉到整個浮出地平線的時間（約兩分鐘）作為一個基本單位，他們明白一晝夜的時間是七二〇（12×60）個單位。因此，在天文領域中，十二與六十被視為是關鍵數字。

除此之外，當時巴比倫人使用的蘇美（Sumer）數學，大多採用十二進位法或六十進位法為單位，用來區分數值，例如要表現小於一的數值時，會區分成六十份來計算。蘇美數學乃是在巴比倫人以前，該地區擁有豐富文明的蘇美人所發展出的數學。

蘇美人本身是由外地移居至巴比倫地區的移民，但是祖先源於何處不明。蘇美人是一個個性溫和又充滿韌性的民族，他們建立起曬乾潮溼地區以供農耕的習慣，並發展出貿易活動。他們在城市外圍築牆，使用有車輪的交通工具，而且還發明了楔形文字、轆輪、數學算式、最早的法律、人力水車、鞦韆、吊床、球類運動等。

蘇美人為何堅持採用十二進位法與六十進位法至今仍是個謎，但有一說認為，這源自當時的蘇美人習慣以拇指以外之四隻手指共十二個關節來計數的緣故。另有一說認為，計算一到十時蘇美人會扳折單手的手指數數，另一隻手的關節則作為計算單位使用，兩隻併用時計算一到六十。而且十二是一、二、三、四、六的公倍數，六十為一、二、三、四、五、六、十、十二的公倍數。另外，角度的三六〇這個數值有許多公因數，適用於各種情況，是很方便的進位方式。

時間單位的起源至今仍然不明，時間計算方式的發展則與天文領域有密切的關係。一般人在生活中雖不必對時間錙銖必較，但在天文學的領域裡，不僅要求精確的時間計算，還需要一套完整的體系。

在時間計算的系統中，年與日採用的是十二進位法，搭配六十進位法的小時與分鐘。若以秒計算一年的時間，就是六十秒×六十分鐘×二十四小時×三六五日，一年的時間為三一五三萬六〇〇〇秒。

以現代數學的角度來看，這套擁有不同進位法的時間體制看似不合理，但在古代巴比倫，當時綜合了數學、天文學、占星術等所有的學問、知識制定出日曆與時間的系統。

在此同時，時鐘的十二小時鐘面對今日的我們來說非常自然，但是在歐洲，尤其是義大利的古老時鐘，卻可見到各種形式的鐘面。

其中一種是採用二十四小時制的鐘面。這個鐘面的二十四時的位置位於鐘面的正下方，看起來很怪異，但設計卻有它的道理。因為這樣的鐘面配置是將太陽位於正南方的正午擺在鐘面正上方。像翡冷翠聖母百花大教堂的時鐘就採用了這樣的鐘面設計。

第二種鐘面是將中午十二點與夜間十二點分別擺在鐘面左右邊的二十四小時制設計。例如倫敦的漢普頓宮（Hampton Court Palace）的天文鐘等，就忠實地反映了日晷的概念。

翡冷翠聖母百花大教堂的時鐘

聖馬可廣場的時鐘

第三種鐘面是以黃道十二宮取代鐘面的數字（十二宮即在虛擬的太陽、月亮、行星運行的球體上，將太陽黃道帶劃分成十二個星座）。這種設計還有變形的應用，會再加上數字搭配（例如聖馬可廣場（Piazza San Marco）的時鐘、漢普頓宮的天文鐘等）。

第四種設計是以Ⅰ到Ⅵ配置在原來的數字位置上。儘管這類鐘面看起來簡潔，但在刻度精細度上略嫌不足，也缺乏設計感。因此，有時候會在Ⅰ到Ⅵ之間加入一些記號（例如羅馬的時鐘廣場等）。順帶一提，在這個時代，時鐘只有一根「時針」而已。

這些鐘面也反映出當代設計的潮流。義大利在十七世紀後半，流行六分割的設計，在當時威尼斯出版有關鐘的書籍中就記載著「六分割是當代羅馬風的設計潮流」。

不過經過不到一個世紀的時間，時移俗易流行也跟著改變。到了十八世紀末，羅馬出現許多改造成十二個刻度兩根針的鐘面設計。這樣的風潮背後，主要是因為機械鐘的技術進步，精度提升，鐘面上加上了分針所帶來的結果。

第2章

機械鐘的發明

世界第一個機械鐘

如前章談到，應用自然界規律的時鐘有優點也有缺點，思考以自己的技術製造方便且在必要時能隨時掌握時間的時鐘，對人類而言是很自然的事。

但是製作計算時間的工具充滿了困難的課題。光是要將眼睛看不見的東西「可視化」這一點就很困難。在工業化尚未成熟的時代裡，這件事包含了解宇宙的動態以及自然法則的眞理，並將之按照人類的規則建構成時間體系，這件事很難以尋常的方法來處理。

儘管各個時代都有當代具有代表性的科學家與職人們投注智慧與技巧，但是時間體系依然不易建構，這也讓我們感受到技術與時鐘歷史的沉重分量。累積數百年間的各種發明，人類終於開發出可正確計算時間且方便使用的時鐘。

若有機會拜見人類製造出的第一個機械鐘並加以研究，將讓我們獲益良多。但是，當初的實物已不得復見，只好作罷。在此同時，所謂的「機械式」，其定義也隨著時代不斷改變。

在時鐘產業最早蓬勃發展的歐洲，就找到了一二七二年卡斯提亞（Castilla）王國所編纂的書籍《天文學的知識之書》。該書中記載的時鐘乃是應用水銀，由此可證明當時尚未發明出機械鐘。根據紀錄顯示，從西元一二〇〇年代末期到一三〇〇年代前半，歐洲建造了許多鐘塔式的鐘，但有關機械部分的記載仍付之闕如，所以很難判斷這些塔鐘是否屬於機械鐘。

到了一三〇九年，米蘭的教會留下了安裝鐵製時鐘的紀錄，一三一七年～一三二〇年出版的但丁《神曲》中的「天國篇」裡，也提到了當時時鐘的鬧鐘機構，留下了明確的紀錄。除此以外，英國聖奧爾本斯（St. Albans）修道院的院長理察．沃林福德（Richard Wallingford），他在一三三〇年修道院安裝時鐘的相關手札中，記載了齒輪以及報時的機構。只不過目前都未留下這些古老時鐘的實物。

歐洲現存最古老的機械鐘，是一三七〇年法國查理五世聘用德國的鐘錶名匠亨利．德．維克（Henri de Vic）所打造的宮廷鐘塔的鐘，以及英國在一三八六年安裝在索爾茲伯里大教堂（Salisbury Cathedral）鐘塔的鐘。法國鐘塔的鐘是由約兩百公斤的鐘擺提供齒輪動量，另外還有約七百公斤的鐘錘敲鐘。這座時鐘以及整座鐘塔建築仍然保留在巴黎的西堤島（Île de la Cité，高等法院）上。不過，機械的部分有後世改造過的痕跡。

近幾年來，在研究時鐘的學者之間已經形成一項共識，認爲人類最古老的機械鐘是出現在中國的時鐘。前一章談到水鐘時，提到了在北宋元祐年間（一〇八六～一〇八九年）首都開封建造了水運儀象台。這個時鐘是以水作爲動能來源，水會轉動名爲「樞輪」的水車，利用上方的「擒縱器（Escapement）」，控制水運儀象台每二十四秒轉動十度，一天精準地轉動一百周。此外，還透過齒輪減速，讓串連的「晝夜機輪」的圓盤一天轉動一周。也就是說，水運儀象台是一台包含「擒縱器」機構的機械鐘。

在時鐘史的研究領域上，中國的發展目前並未受到重視，但是未來隨著研究的進展將可能出現新發現，中國本身也可能積極提倡自己的功績。

總結來說，人類發明了機械鐘以後從神的手中取回「時間」，將時間定位爲科學的一環。「時間」不再是信仰的對象，時間成爲建構生活基礎的一種度量衡工具。同時，時間制度也從單純根據太陽變動計算，轉而發展出晝夜均等的「不等時法」，發展爲不分四季，將一天均等地區分爲二十四等分的「定時法」。綜觀人類的產業發展史，從農林水產的第一產業提升到以工業爲主體的第二產業的過程，定時法是十分重要的關鍵。

另一方面，在「人類的世界是由時間與空間構成」的說法中，「時間」的存在有舉足輕重的地位。時間與生活、社會、產業、經濟、文化、藝術等所有領域都有密切的關係，是實現所有事物的一種「資源」類型。

為什麼要大費周章花大錢地製造時鐘？

歐洲最早發明出機械鐘時，當時的鐘體大小約一～二公尺，重量重達一～二噸，一天的時間誤差高達一小時，而且還會發出「喀喳、喀喳」的清楚聲響。當年的製造費用據說換算成今日的貨幣，價值將近一億日圓。當時的人類早已有日晷、水鐘、火鐘等計時工具，這些計時工具的價格遠比機械鐘便宜，但是人類爲什麼要花費大筆金錢打造機械鐘呢？

答案與宗教有關，當時的基督教認爲「時間」是神界的東西。這個世間的所有事物都是神所創造，在人們的觀念中認爲人類無法控制「時間」。當時的基督徒嚴守每日須按時禮拜禱告（彌撒）的誡律，不分氣候好壞或白天夜晚。

圖2-1　米勒的《晚鐘》（奧賽美術館典藏）

西元五七五年～五七九年，擔任教皇的本篤（Benedict I）在誡律中記述了禮拜的相關規定如下：「先知說一天應做七次的讚美，我們也追隨這個神聖的數字讚美吧。一天七次應於如下時間禮拜讚美：早禱（上午零點～日出的禱告），第一時辰（上午六點鐘）、第三時辰、第六時辰、第九時辰、晚禱、夜禱。」這樣的時間規定，意味著人們所遵守的誡律極爲嚴格。禮拜彌撒的重要性優先於所有事物，因此當彌撒時間的通報響起，信徒就必須以珍惜心靈糧食爲優先，放下手中的所有工作前往祈禱場所。

若未按時前往，遲到的人必須在衆人面前道歉贖罪。西元八〇二年，查理曼大帝認爲要改變百姓的心，應先教導百姓讚美神的方法與讚美時刻，他並命令神職人員必須在訂定的禮拜時間到達時敲鐘提醒人民。

對於最親近神的教會而言，確實遵守彌撒時間是對神表現忠誠，是教會重要的任務。修士們爲了避免浪費心靈糧食，夜間也穿著修士的服裝就寢。幫助人們確實遵守每次讚美神的時間、嚴守誡律的，就是能不分日夜、不論天氣如何都能確實通報時間的時鐘。

透過米勒（Jean-François Millet）的作品《晚鐘》（一八五九年繪製，**圖2－1**），可一窺在生活中嚴守誡律對一般百姓的重要性。在這幅畫作中，法國巴比松地區黃昏中的馬鈴薯田裡，站著一對正垂頭禱告的年輕夫婦。一旁還有農具、些許剛採收的馬鈴薯。從一旁直接豎立放著的鋤頭可以看出，這兩位農民在從事農作當中突然中斷了手上的工作。

還有一個重要部分在年輕夫妻背後的地平線上，那裡浮現了一座Chailly-en-biere鎮教堂的小小輪廓。晚鐘（六點的鐘響）提醒一日勞動的結束，工作結束的時間也是最後的「禱告時間」，虔敬的信徒們在聽到鐘聲時必須立即放下手邊的工作專心禱告。

米勒之所以創作《晚鐘》這幅作品，可從他寫給友人西蒙·盧斯（Simeon Luce）的信中一窺原因：「小時候在田裡工作，祖母茱姆蘭只要聽到黃昏時的鐘聲，一定要求我放下手邊的工作，脫下帽子，爲『可憐的死者們』禱告。在這幅畫的創作過程中，我的腦中一直浮現當時的情景。」

另一方面，中國爲什麼有能力製造出水運儀象台如此了不起的鐘呢？儀象台結合了天文台與時鐘，對當時的中國而言，天文觀測具有更勝於「科學研究」的重要意義。中國人認爲王朝因天命而誕生，因此天體除了帶有運行規則性的意義外，也代表政治的基石。執政者在治理國家當中，會透過觀天象察覺天意。當時的科學思想依循「陰陽論」「五行學說」的道理，認爲「宇宙萬物皆由陰（－）與陽（＋）構成，同時宇宙萬物也因金木水火土五種元素的變化而改變」。

中國鐘錶歷史的最大特徵在於，它的發展與百姓生活無關，而是深受王朝的思想影響發展。其中包括爲了滿足皇帝興趣，在打造時鐘時大膽投入開發資金與優秀的技術人員，完全不顧慮成本的問題。

動能的穩定供應

運轉一座機械鐘，首先須有穩定的動能供應以轉動時鐘。是否能穩定而持續供應動能是重要關鍵。即使能量充足，但供應的過程中時弱時強，就會造成時鐘失去準度，不是走得太慢就是走得太快。所以，動能能穩定供應且維持強度就顯得十分重要。中國的水運儀象台利用水力轉動水車提供時鐘動能。為了確保穩定的能量供應，水運儀象台必須設置在全年水流量穩定的河流旁才行，這點在選擇設置地點上受到諸多限制。

早期歐洲的機械鐘都利用錘子作為動能來源。從鐘塔上垂掛一個透過繩索或鐵鍊固定的錘子，利用錘子衝向地表的重力作用讓錘子擺動，產生動能。這種名為「重錘式」的鐘擺結構單純，能提供穩定的動能。不過，若所使用的鐵鍊長度過短，時鐘的走動速度會變快。結構像鐘塔這類的時鐘必須有足夠的空間，才可以懸掛長度足夠的鐘擺。

此外，為了避免鐘擺停擺，在擺錘停止以前必須進行上鍊，持續供應動能。據說，德國鐘錶名匠亨利·德·維克製造的鐘擺只能持續擺動數小時而已。為此，他索性住在塔樓的時鐘旁，為了保持時鐘持續走動，一生未曾休息。

室內、公司以及飯店等大空間裡的大廳，所設置的時鐘也都採用重錘式。在〈大野狼與七隻小羊〉的童話故事裡，小羊躲在落地立鐘內躲避大野狼，那座鐘就是重錘式時鐘，鐘內還有足夠藏一隻小羊的空間。不過在現實中，立鐘內有粗大的金色圓筒形鐘錘，在發條鐵鍊上還掛著鐘擺，當鐘擺擺動時可是完全沒有空間可供小羊躲藏。

近年來機械結構的體積縮小，零件精度提高，提升了動能的效率。通常上鍊一次，動能可提供一～兩週鐘擺所需動能。

加裝擺錘提高精度

時鐘的構造上，涵蓋了驅動所需的動能以及顯示時間用的鐘面。這兩者若直接接連在一起，會造成時針不停轉動，導致能量空耗。因此，時鐘裡還存在能逐漸釋放能量的「擒縱機構」，規律計時的「時間訊號源」以及與時間同步規律計時的「調速機構」。

早期的機械鐘，使用左右細長的木製「擺桿」作為時間訊號源。「擺桿」在一定空間

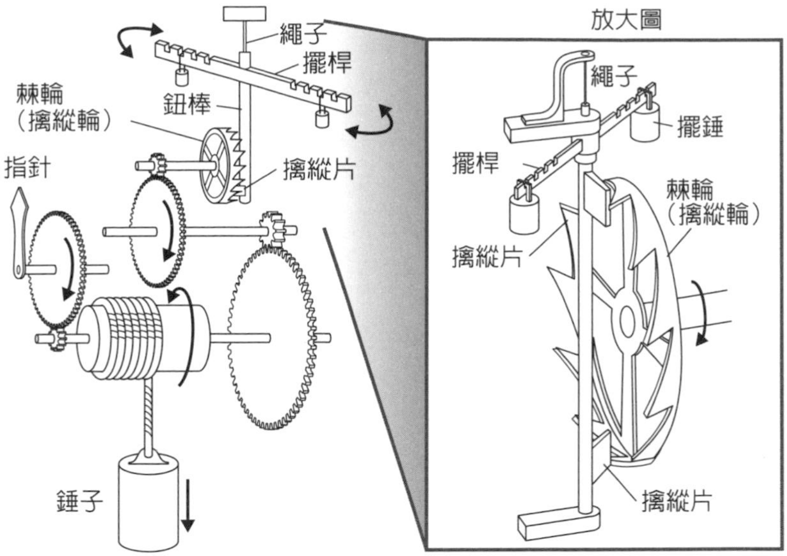

圖2-2　擺桿（Foliot balance）的結構（根據日本時計協會官網圖面製作）

內會規律地往復擺動，產生振動（規律）（**圖2-2**）。

在這個連續振動的動作中，連接在擺桿上的擒縱片與棘輪會連續咬合，止住或鬆開時鐘的機關，讓時鐘保持穩定的規律（調速功能），一齒一齒地前進轉動齒輪。當擒縱片與棘輪咬合時會發出「喀嗤、喀嗤」的聲音（最早的機械是發出「喀喳、喀喳」的聲音）。

這裡有一個關鍵，若擺桿的振動角度不穩，時鐘精度自然隨之不足。所以擺桿的構造必須保證能在兩端之間端對端地擺盪，同時零件加工也須達到足夠的精度。受限於工具以及當時的加工技術，一個能保持一日數十萬次反覆正確作動的零件，在製造上簡直難如登天。

後來，另一種更確實的時間訊號源就是利用自然界法則的「擺錘原理」。「擺錘原理」的基礎是著名天才科學家伽利略所發現的「單擺的等時性」，這項發現的靈感得自教堂。

時代是一五八二年，地點是義大利比薩的大教堂。當時年輕的伽利略坐在禮拜堂內的長椅上聽著講道。黃昏時候，周圍的天色逐漸暗下，這時候負責點燈的僧侶登上二樓的迴廊，以火苗點亮天花板垂掛下的油燈，然後再將燈火送回吊掛的懸吊線上。在這個過程中，伽利略的目光自始至終未曾離開擺盪的油燈。

僧侶在點燈時，會先拉下油燈並抓住固定，使用手中的火苗點燃油燈，然後放手讓油燈回到原來位置。僧侶一放手，油燈就會開始左右搖擺。伽利略注意到儘管油燈擺盪的範圍會逐漸變小，但是前一盞油燈在點亮後擺盪一次的時間，長度與下一盞點亮的燈的擺盪時間差不多。爲了證明這項發現，伽利略以自己的脈搏次數計算油燈來回擺盪一次所需要的時間。結果發現，縱向排列的油燈擺盪的幅度大小雖然不同，但是週期卻同步。

發現這個現象的翌日起，伽利略就在自己的研究室裡反覆實驗驗證。他證實了只要擺錘的長度相同（擺盪幅度較小時），不論擺錘的重量或擺盪幅度大小，一個擺盪週期的時間都一樣。舉例來說，懸吊長度二十五公分的擺錘，一次擺盪花費的時間約為零點五秒，來回擺盪一個週期的時間約一秒鐘。一次擺盪花費的時間與懸吊繩上端到擺錘中心長度的平方根成等比，所以懸吊長度一公尺的擺錘擺盪一次約需一秒鐘時間。

一六三八年，伽利略在《關於兩門新科學的對話》中發表了這項「單擺的等時性」之研究成果。伽利略思考將這項理論應用在時鐘上，嘗試以擺錘取代擺桿，但是製作出來的時鐘始終無法順利運作。

一直到荷蘭的天文學家克里斯蒂安．惠更斯（Christiaan Huygens）手裡，伽利略的發現才成功地被實際應用在鐘擺時鐘上。這已是伽利略死後十五年的一六五七年，荷蘭議會裡安裝了一座應用此原理的鐘擺時鐘。惠更斯的巧思在於，他使用兩片擋片夾住擺錘上方，穩定鐘擺的擺盪，控制鐘擺的擺動在一定的範圍內（**圖2－3**）。這個設計大幅提高了時鐘精度，同時又加上了分針。這些巧思讓後來的時鐘發展精度提升了數十倍（只要條件齊備，一天的誤差能縮小到十秒鐘以內）。

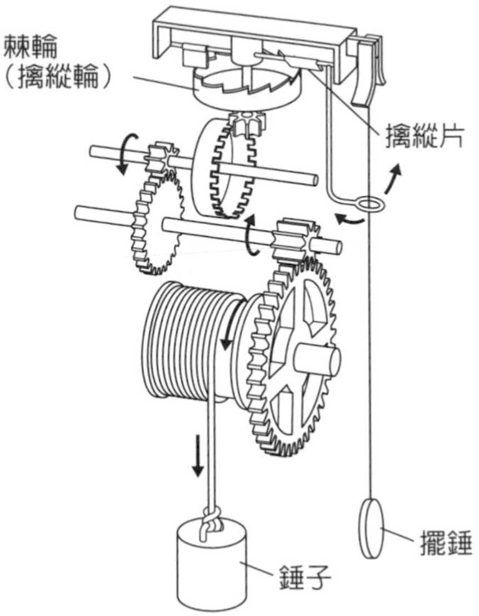

圖2-3　鐘擺時鐘的構造（根據日本時計協會官網製圖）

要確保鐘擺時鐘的精度，必須具備幾項條件，包括：①確實固定好懸吊鐘擺的支點，②周邊空氣條件固定、密度穩定，③周邊維持恆定的溫度，④穩定供應動能，⑤排除擒縱器。換句話說，必須排除會影響鐘擺振幅的衰減以及對周邊造成影響的外部因素，保持能量穩定供應以維持運動。當這些條件齊備，即可提高時鐘精度。

擒縱器的原理

擒縱裝置位於推動調速機與顯示針（時針的短針、分針的長針等）的齒輪組（由多個齒輪組合起來的組件）之間，負責控制時間，讓能量減速，保持時鐘一步一步推進時刻。

在鐘擺時鐘中的擺錘左右搖擺帶動擒縱片（爪片），與冕狀的棘輪產生咬住、放開的動作。同時，一齒一齒地前進轉動棘輪，帶動固定在擒縱片上的軸。這根軸透過整排齒輪與時針相連，時針搭配鐘面文字就能顯示時間。擺錘的「搖擺」是人為地以機械機構製造出來，產生擒縱機功能的齒輪，其構造若不平衡，每一次來回運動都會產生誤差，影響到精度。

一六七一年，克萊門（William Clement）開發出用於鐘擺時鐘調速機構的「後退式錨形擒縱器（Recoil anchor escapement）」。在那之前，一般使用的冕狀輪擒縱機構，其擺錘的擺盪角度會一直變大，欠缺精確性。但是劃時代的後退式錨形擒縱器被發明出來後，精度大幅提升，此時就可以放心地加上分針。在現代，後退式錨形擒縱器依然被用在機械式鐘擺時鐘上。

後退式錨形擒縱器的原理如**圖2－4**所示。首先，當擒縱輪（A）朝箭頭方向轉動時，齒輪會將棘爪的薄片（B）往上頂高。由於這個棘爪是由（D）固定，所以頂高時薄片（C）會插入擒縱輪的齒輪之間，造成（B）浮起與齒輪分離。其次，當（C）被頂住時，棘爪會擺動到箭頭的相反方向。這些動作反覆進行當中，擒縱輪就會在棘爪的控制下

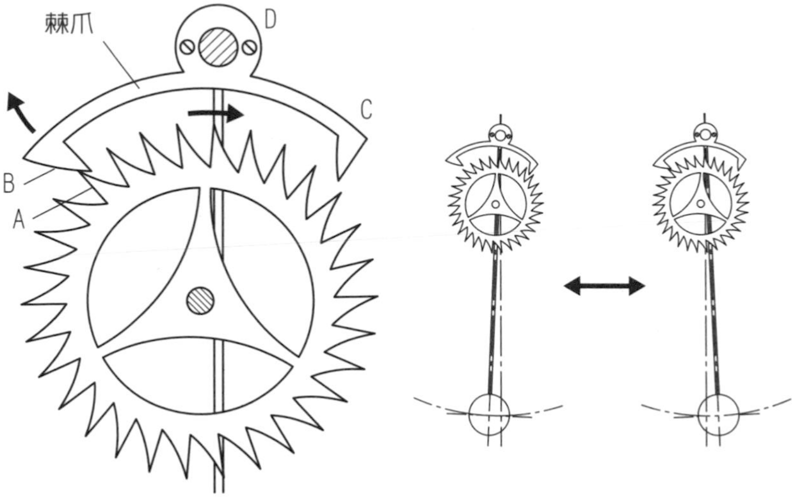

圖2-4　後退式錨形擒縱器的原理

旋轉。而且擺錘與棘爪相連接，因此當棘爪朝向箭頭方向轉動時，擺錘也會朝同一方向擺動。於是（B）會脫落，就算（C）插進來也會讓棘爪因爲擺錘的慣性朝箭頭方向轉動。這麼一來，（C）就會產生將擒縱輪朝箭頭相反方向逆轉的力量。但是擒縱輪具有原動力，所以有一股力量推著擒縱輪繼續朝箭頭方向迴轉，這時候擒縱輪就會略微後退然後繼續前進。「後退式錨形擒縱器」就是因爲這個後退的運動得名。所謂的棘爪指的是構成擒縱器核心的零件名稱，形狀與船舶的錨（Anchor）類似因而得名。

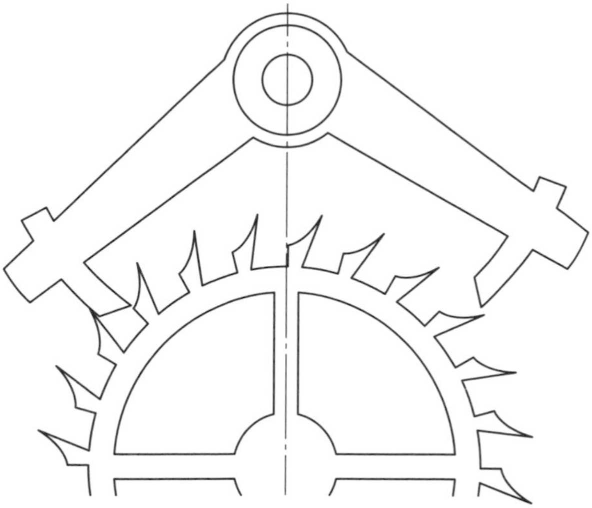

圖2-5　直進式擒縱器

另外，喬治・葛拉漢（George Graham）還發明了「直進式擒縱器」，消除了微小的後退動作。葛拉漢只是將棘爪的薄片改變成**圖2－5**的形狀，這個微小的調整消除了擒縱輪齒輪接觸到薄片時，擺錘因棘爪的迴轉力量將擒縱輪往回推的力道，擺錘得以順利地來回運動。也因此，原本沉重的擺錘加大後退式後退幅度的問題獲得解決，鐘擺能夠採用較重的擺錘。

後來的擺錘也幾經改良，特別是製造擺錘的金屬材料容易因爲溫度變化而發生膨脹、收縮，導致擺錘搖擺的週期變動，因此許多改善是針對溫度造成的週期變化給予補正。因開發航海天文鐘（Chronometers）聞名的約翰．哈里森（John Harrison）的設計，就採用幾種膨脹係數不同的金屬製成的棒狀支柱排列，構成了格柵擺錘作爲擺錘桿。

英國的喬治．葛拉漢在一七二一年發表了「水銀補正擺錘（葛拉漢擺錘）」，擺錘不會因爲溫度變化受到影響。他在擺錘的鐘錘部分內嵌了一個充滿水銀的圓筒（**圖2－6**）。當溫度上升、擺錘桿伸長時，水銀亦會膨脹，內嵌圓筒內的水銀柱高度升高，於是產生補正效果，讓內含水銀構造之擺錘桿的懸吊部分到擺錘的重心保持相同的長度，這也就穩定了擺盪的週期，不論溫度是否出現變動。

這裡也連帶說明，若擺錘桿是長度一公尺的鐵製品，當溫度上升十度，擺錘桿的長度就會延展零點一一公尺，這也造成時鐘的時間一天會慢五秒鐘。

十九世紀，夏爾．紀堯姆（Charles Guillaume）開發出膨脹係數極小的不變鋼（Invar，鐵與鎳的合金），讓鐘擺時鐘的精度飛躍性地提高。以不變鋼製造的擺錘桿其膨脹係數只在鐵的十分之一以下，相對地效果也很大。

西格蒙德．里夫勒（Sigmund Riefler，德國）在一八八九年開發出自由式擒縱器，

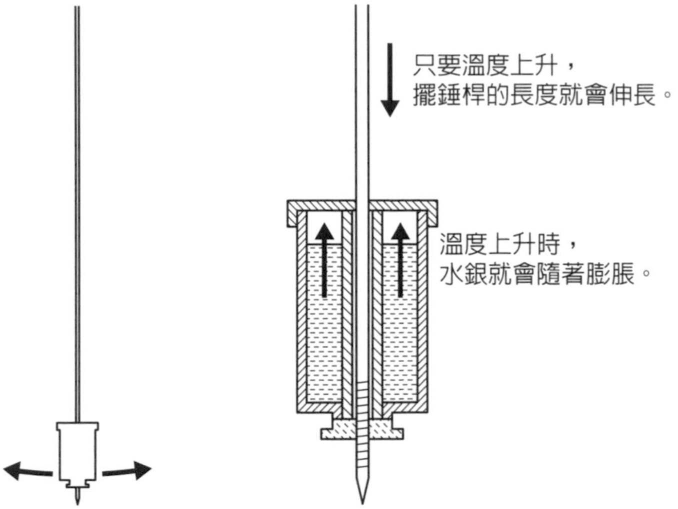
只要溫度上升，
擺錘桿的長度就會伸長。
溫度上升時，
水銀就會隨著膨脹。

圖2-6　水銀補正擺錘的原理

一八九一年加上利用水銀的「溫度補正擺錘」開發出高精度的「天文鐘擺時鐘」。補充說明，所謂的自由式擒縱器是將葛拉漢發明的直進式擒縱器加以改良後的擒縱器。

直進式擒縱器的棘爪透過擺錘桿固定在擺錘上，因此擒縱器作動的過程中，所有時間都受擺錘限制，相對地，里夫勒的擒縱器（自由式擒縱器）只以彈簧片連接擺錘與棘爪，因此可將擺錘受限的時間降低到原來的兩成左右，其他時間擺錘皆可自由作動。

在此同時，一八九七年也出現鐘錶日差（一日的誤差）低於零點零二秒、精度足以媲美石英鐘的高精度「精密天文鐘」。爲了避免時鐘受空氣流動、氣壓變動影響，擺錘被裝在一個氣密容器內，並採用每十幾秒即以電力爲擺錘上鍊的機構，藉以維持時鐘的能量供給穩定性。

在全球各地的天文台、研究所中，共計有六三五座同款時鐘獲得採用，日本在一九六一年以前也採用此款時鐘執行報時的工作。

一九二一年，英國人威廉．蕭特（William Short）開發出以電路控制兩個擺錘相互作用的自由式鐘擺時鐘，實現了一日誤差低於千分之一～千分之二秒的精密度。這種時鐘的原理是讓主擺錘自由振動，然後同步振動的副擺錘每隔三十秒鐘撞擊主擺錘以矯正主擺錘的振動，由副擺錘帶動時鐘走動，將誤差縮到最小。

發條的發明讓時鐘可以隨身帶著走

機械鐘從教會、宮廷開始，漸漸開始設置於城市中央的廣場上，普及於民間。當一定時刻到來，城市即熱鬧地展開買賣交易，時鐘的普及也使生活更爲方便。有鑑於此，人們

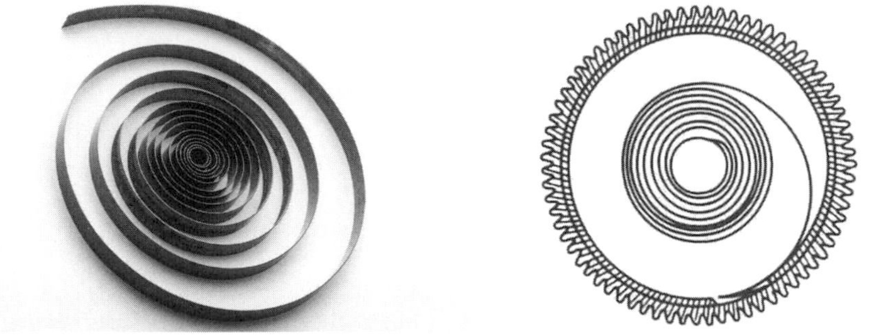

圖2-7　放鬆狀態的發條（左），以及發條盒中旋緊狀態下的發條（右）

希望在室內的各種場所都能安裝時鐘。為了滿足這個需求，「發條」作爲時鐘的動能供應源應運而生。發條是將具有高度彈力的金屬勉強捲成螺旋狀，利用金屬螺旋本身要回復直線狀態的力量提供動力。

發條被安裝在時鐘內的「發條盒」內，螺旋狀鋼片的中心固定在發條旋鈕芯棒上，發條外周的末端則固定在發條盒內側（**圖2－7**）。只要以手指旋轉發條鈕（錶冠）旋緊發條，發條鋼片即會旋緊貼在芯棒上。但是當手指放開發條鈕，鋼片要回復原來直線狀態的力量即會轉動未被固定的活動發條盒，發條盒轉動，就會轉動齒輪組。

使用發條原理製造的可攜式時鐘在一四〇〇

年代誕生於德國的紐倫堡，發明者不詳。雖然稱作可攜式時鐘，不過早期的尺寸還是太大，無法戴在手腕上。一般由貴族的隨從以搬運台的方式搬到指定場所使用。

初期的可攜式時鐘採用沒有彈性的黃銅材料，因此製造上需要高度的加工技術。當時的德國紐倫堡是文化與工商業的重要城市，十分繁榮。從鎖頭鑰匙、刀劍製造發展出金屬的製造技術。到了十五世紀，該城市發展出的鐘錶工業與法國布盧瓦（Blois）並駕齊驅。

追求動能的產生發條當然愈大愈好，而且愈長的發條可持續產生動能的時間也愈久。但是對鐘錶設計師而言，如何在追求尺寸精巧的機械體中確保發條箱的空間確實令人頭痛。儘管發條原理與構造是劃時代的發明，但是發條在旋緊與鬆開時的彈性不一致，於是就出現了時間精度發生誤差的缺點。

不過，幾年以後所發明的擺輪與游絲（Hairspring）基本上就解決了前述問題（參照第3章）。而且後來也開發出彈性良好的材料鋼與特殊合金（鈷、鎳、鉻、鉬等），讓製造更有效率，並保持了品質的穩定。

政府出手提升精度

歐洲之所以能提升時間精度，乃是爲了提高社會的安全性。這當中也有些國家祭出獎金懸賞，徵求能夠提升時鐘精度的技術。在幾個國家的案例中，最有名的是英國的做法。

歐洲大航海時代在十六世紀初揭開序幕，各國派遣大量船舶前往遙遠的海外，競相爭取殖民地。在此同時，海難事故的犧牲者人數也明顯增加，其中最嚴重的是，由於當時尚無掌握航海中確切位置的方法，因此經常發生航線錯誤的事故。當時，一般是透過觀測天文以掌握方位，根據船舶的速度與時間計算出船隻所在位置，所以時間的精度顯得格外重要。

有部分的船隻開始嘗試將機械鐘運用在航海技術上。不過，使用擺錘的時鐘遇上船舶搖晃就英雄無用武之地，而且溼氣導致金屬零件生鏽，發條的鋼材也因氣溫冷暖影響精度，完全無法正常運作。所以在十七世紀中葉以前，船舶上使用的時鐘還是以沙漏鐘爲主，只不過沙漏鐘並不適合測量爲期較長的時間。

一七〇七年，在錫利群島（Isles of Scilly）發生了四艘英國軍艦遭遇海難，將近兩千名船員喪生的事故。因爲這椿事故，英國議會在一七一四年制定了經度法。英國政府發出懸賞，公告「凡是能找到『實用且有效』的方法、在海上可確定經度者，即可獲得兩萬英鎊（相當於今日數百萬美元）的賞金」。不過在這項懸賞的條件中，要求經度的測定誤差必須低於二分之一度才能領取一等獎，也就是兩萬英鎊的獎金。這個誤差換算成時間就等於航海六星期只能出現二分鐘的誤差，一天的誤差約三秒鐘的意思，要求非常高。

一七五九年，約克夏郡的木匠約翰．哈里森（John Harrison）完成了日差一點八秒的航海天文鐘，懸賞獎金入袋。哈里遜投入四十五年歲月進行開發，共完成了四種航海用的高精度航海天文鐘。

哈里遜在一七二七年開始注意到賞金的消息，萌生了挑戰船舶用時鐘的念頭。他認爲當時既有的組合兩種金屬、能降低誤差發生的柵形補償擺（Gridiron Pendulum）以及降低摩擦的構造，已經實現了最佳的正確性。接著只需再加以改良，讓時鐘適合海上環境使用，即可讓他贏得獎金與名譽。不過哈里遜開發出的鐘擺在陸地上雖然有效，但在波濤洶湧的海上卻產生不了作用。於是哈里遜開始研究可承受劇烈搖晃、有如蹺蹺板般的彈簧，以此取代安裝在擺錘桿末端進行左右搖擺的鐘擺。這個想法終於讓他在四年以後帶著能滿足需求的新設計前往倫敦。

在懸賞的法律立法二十五年後的一七三九年，哈里遜向首度召開的經度審查員會議提出了海上實際航行二十四小時，誤差只有幾秒鐘的H－1航海天文鐘（**圖2－8**）。但是哈里遜自己也指出H－1的缺點，提出了要求，希望「給我兩年時間以及五百英鎊的資金援助，讓我可以把H－1改良成更小型的航海天文鐘」「希望在航行至西印度群島的航海評審實驗中，使用改良後的第二台航海天文鐘來測試」。

哈里遜獲得了二五〇英鎊、也就是要求金額一半的資金援助，進行H－1航海天文鐘的改良。這只新的H－1航海天文鐘重三十四公斤，特徵狀似古代船舶造形的模型船，其船腹上還有鐘面圖案的設計。一七四一年完成的第二台航海天文鐘H－2重達三十九公斤，儘管重量稍微增加，但也增加了多項設計，包括穩定的驅動能以及迅速修正氣溫造成的改變，大幅提升了精度。這只航海天文鐘成功地通過皇家學會的過熱、冷卻試驗以及長時間振動試驗，成果優良。但是哈里遜並未提出實施航海實驗的要求，他在經度審查員會議上展示了這只天文鐘後，又將天文鐘帶回去了。

經過安靜無聲的十八年，約翰．哈里遜的兒子威廉．哈里遜也投入研發，製造出H－3。H－3航海天文鐘由七五三個零件構成，尺寸縮小爲高六十公分，寬三十公分，重量二十七公斤。它的溫度控制，利用溫度特性不同的金屬貼合而成的雙金屬板。另外，減少摩擦用的裝置是至今仍持續沿用的軸承。新開發的圓形擺桿取代了原先的棒狀擺桿，這只鐘涵蓋了多項劃時代的發明。

迎接六十六歲的哈里遜終於在一七五九年向經度審查員會議提出了自信之作H－4。H－4的重量只有一點四公斤，直徑縮小到十三公分，大小已經可以作爲懷錶使用。

H－4的外觀也十分創新，機芯的零件勝過外觀，在鐘面下轉動的齒輪之間設置了閃耀著美麗光輝的鑽石與紅寶石，藉以保護零件不受摩擦損傷。過去大型時鐘所使用的降摩擦齒輪與稱作Grasshopper的金屬零件原本負責的功能，現在都由切工精細的精巧寶石包辦。

哈里遜表示：「容我不客氣的說，世界上應該找不到比這個經度測定用鐘更美麗，擁有更有趣設計的機械、數學裝置了吧……」

H－4在一七六〇年於經度審查員會議上曝光，就在同一年，H－4從英國的普茨茅斯（Portsmouth）航行到雅買加的八十一天中，只發生五秒鐘的誤差，比經度法要求的精度條件優秀約三十倍。但是，經度審查員會議並未直接承認哈里遜的成果。這些審查委員中，部分人士是天文學家或擁有海軍背景的委員，缺乏時鐘原理與構造方面的知識。另外還有一些天文學家執著於應依靠天體觀測的主張，以此判斷哈里遜的航海天文鐘是否滿足經度法的要求條件。這些反彈可能都對哈里遜的成果造成深刻的影響。

在時鐘的發展歷史上哈里遜厥功至偉，今日我們依然可前往設立在倫敦舊格林威治天文台的國立海事博物館，參觀里哈里遜所製作的所有航海天文鐘的實物。

日本人創意設計出的「和時鐘」

接著介紹的是與世界時鐘發展路徑大相逕庭、日本獨特的「和時鐘」。

歐洲製造的機械鐘是在十六世紀中期傳入日本。在歷史文獻上有明確記載，前來日本傳布基督教福音的方濟・沙勿略（Francisco de Xavier）在一五五一年拜謁周防國（山口縣）領主大內義隆時，獻上了自鳴鐘（利用齒輪設計，能夠自動鳴叫報時的時鐘）當作贈禮。另外，一六〇九年西班牙國王菲利普三世為感謝德川家康拯救在千葉海岸遭遇海難的西班牙船舶，致贈了一座西班牙製的座鐘。

日常生活中習慣使用日晷、水鐘的日本人見到機械鐘十分訝異。尤其是方濟・沙勿略作為獻禮的自鳴鐘，這座鐘附帶了整點自動演奏音樂的裝置。據說收到這份禮物的大內義隆在見到機械鐘的第一眼時就愛上了機械鐘。

當時的歐洲各種革新技術推陳出新，例如伽利略發現了「單擺的等時性」（一五八二年）、惠更斯開發了鐘擺時鐘（一六五六年）、克萊門發明了「後退式錨形擒縱器（Recoil anchor escapement）」（一六七一年）、惠更斯使用游絲製作時鐘（一六七五年，參照第3章）等，時鐘的技術出現了加速度的進化。

而且，歐洲人帶入日本的不僅是時鐘成品，如同當時的其他歐洲文化與技術一樣，還開辦了講座（專門學校）傳授時鐘的製造技術。歐洲人在鐘錶技術師的培育上聚焦於鍛造工匠，在推廣先進技術的同時，當然也推廣基督教的傳教。在那個欠缺金屬、機械工業基礎的時代裡，對日本而言，歐洲人的作為都是讓人心生嚮往的事。於是，江戶時代日本的鐘錶工業也在這些做法下順利地發展起來。

不過，當時日本政府採用的是「不定時法」的時刻制度，並在一六三五年採取了「鎖國政策」。所謂的「不定時法」是指一年中的時間視太陽位置決定時刻的一套制度，據說是由古代巴比倫建立的系統。這套系統針對四季，將日出到日落的期間以及從日落到日出的期間分成六等分，因此單位時間的長度會隨著季節改變。這套「不定時法」對於與大自然關係密切的農耕民族來說十分受用，使日晷測量時間更爲方便，卻無法套用在時刻固定的機械鐘上，所以在歐美機械鐘愈來愈普及後，日本的時刻制度也從「不定時法」轉爲「定時法」。

日本堅持使用「不定時法」的時刻制度，讓日本的鐘錶工匠特別辛苦。歐洲的時鐘技術教科書中並未記載有關「不定時法」制度的技術，這成了日本工匠的一大苦惱。日本的鐘錶工匠以在日本爲數不多的西洋機械鐘爲樣本，再加入自己特有的智慧，製造出了適用「不定時法」系統的和時鐘。

對於「不同季節的單位長度不同」這一點，日本鐘錶工匠以「變化鐘面的標示方式」來解決，「晝夜時間的變化」則以「大小不同的顯示間隔」因應。例如櫓時計（**圖2-9**），它有多種晝夜時刻刻度間隔不同的鐘面類型，可按照節氣（一年有二十四節氣）更換鐘面，或者使

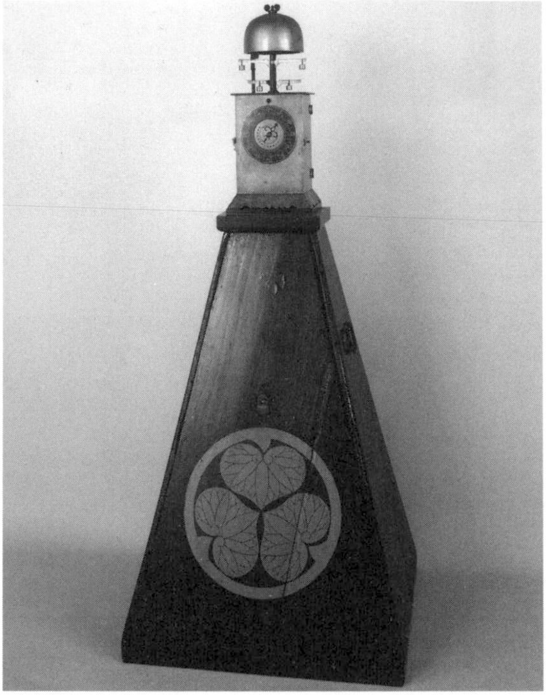

圖2-9　櫓時計。價格昂貴，只有「大名」這種擁有龐大領地的武士階級才買得起，因此這款時鐘也被稱作「大名時計」。座鐘內有提供時鐘動能的擺錘（照片提供：The Seiko Museum Ginza）

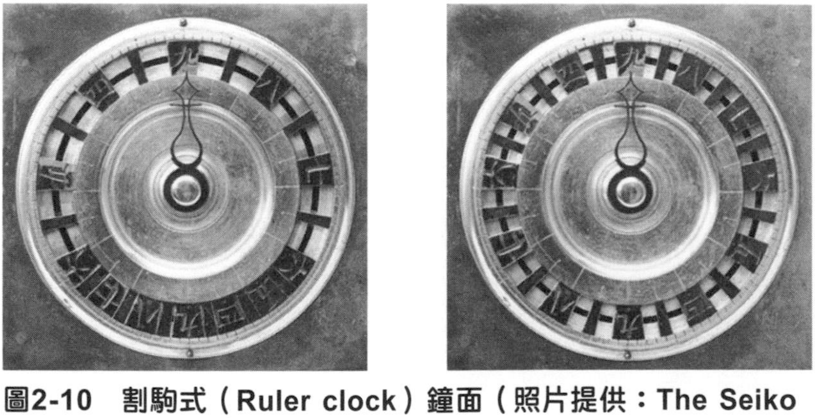

圖2-10　割駒式（Ruler clock）鐘面（照片提供：The Seiko Museum Ginza）

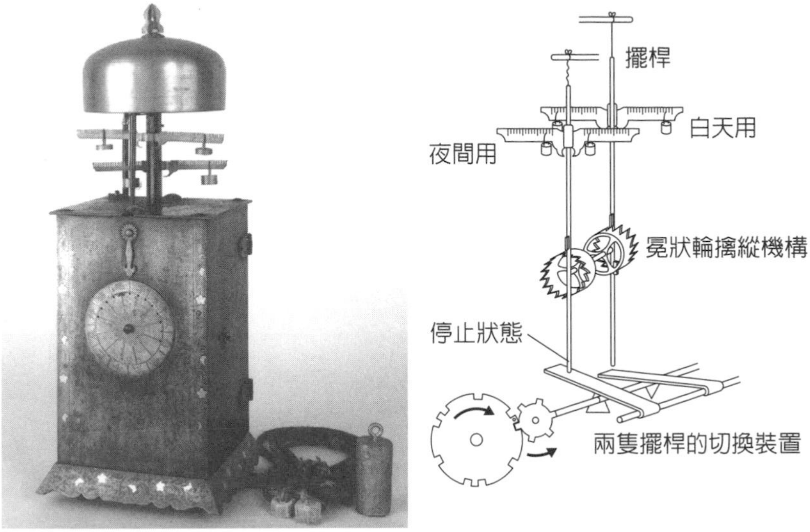

圖2-11　和時鐘配置了兩種不同的擺桿（照片提供：The Seiko Museum Ginza）

用割駒式（Ruler clock）鐘面，鐘面上的時間刻度間隔大小不同（圖2-10），這些都是其他國家的時鐘上見不到的創意。除此之外，在「改變刻度間隔」的設計上，應用了兩種前進速度不同的擺桿（圖2-11）實現，透過前進速度不同的擺桿來因應晝夜時間的變化，藉此滿足「不定時法」的系統。

在時鐘的製作上，特別困難的是決定機械鐘精度的齒輪，在製作時須經過「切牙」的工序。這項加工作業的步驟爲，先製作出正圓形的圓盤，然後在圓盤外周切割間隔相等的鋸齒。即使是今日的精密機械工業，這項技術依然是難度極高的加工程序。當時沒有專用工具的鐘錶技師必須從零開始製造所有的機械零件，然後再將之組裝起來，可以想見當中的辛勞。金屬零件加工必須使用精度更高的工具，所以在當時，時鐘的製作得先從製造所需的工具開始。

和時鐘的代表作品「櫓時計」的製作曠日費時，根據日本國立科學博物館已故的和時鐘研究專家小田幸子的說法，一名鐘錶技師一生能完成製造的櫓時計最多五台到六台。

製作和時鐘的鐘錶技師花費許多心思又發展出各種日本特有的時鐘，例如掛時計、台時計、櫓時計、桌上時計、懷中時計（懷錶），以及類似身高計般、時間刻度設在縱長文字板上以時針指示時間的「尺時計」（**圖2－12**）。還有放在枕邊使用的「枕時計」、機械構造裝在印籠（日本傳統用來裝小物件的小箱）內的「印籠時計」等。日本的時鐘除了在機械構造上充滿獨創性外，也出現許多價值超越工藝品用途、日用器具用途、道具用途的時鐘，其中呈現出日本人製造時鐘時的價值觀，非常有趣。

在江戶時代，不僅在城裡，所有鄉鎮都有報時的時鐘制度。江戶時代第一座時鐘設置在日本橋本石町（一七一六年），從此以後隨著城鎮的發展，時鐘的設置也逐漸增加，江戶所設置的報時系統最多曾高達九處，十分驚人。爲了維持這種時鐘制度，各地方必須購

圖2-12　尺時計。當盒子裡的重錘降低，鐘裡的指針也會隨著動作，指出時刻。在時刻顯示板上有各個不同節氣用的刻度，約莫每半個月需調整一次時刻顯示板，如此即可按照該節氣顯示時間。（照片提供：The Seiko Museum Ginza）

買昂貴的櫓時計，將重錘上鍊，在一日之始「微明」時刻（即將日出前）進行時刻的校正等。這些設置和維護的工作增加了人事費用的開銷，爲了支付開銷，地方政府就透過每個月向城鎮居民徵收「聽取費」來支應。在那個時代，社會整體建置有時鐘系統似乎仍十分罕見。所以有一個傳說，一八五三年美國的貝里（Matthew Calbraith Perry）提督前來日本停留在江戶期間，曾經因爲在半夜聽到時鐘的鐘響，嚇得從床上跳了起來。

和時鐘在一六〇〇年到一八七二年明治改換日曆制度以前一直持續使用，但在明治五年（一八七二年）日本改曆，改採基督紀年的西曆（Gregorian calendar）。從此以後時刻制度導入目前使用的定時法，大量從西洋進口適用定時法的高精度時鐘後，和時鐘也逐漸被人遺忘。

低成本高精度的電動鐘

時鐘的精度高低受所採用的「時間訊號源」影響。交流電存在頻率（在日本，東日本的交流電爲五十赫茲，西日本爲六十赫茲），電動鐘就利用這個頻率作爲時間訊號源。只要確保交流的頻率，即可製造出構造簡單、精度更高的時鐘。日本的學校、工廠等地方最早開始採用電動鐘，不過在這當中如何保持電流穩定卻成了電動鐘的瓶頸。

最早設計出電動鐘的人是英國的亞歷山大．貝恩（Alexander Bain）。他在一八四〇～一八五二年間整合了兩套系統，一套系統是在鐘擺上加裝兩個永久磁鐵，擺錘左右分別配置一個線圈，週期性流通的電流會吸住、彈開擺錘。另外一套系統是採用固定式的永久磁鐵，鐘擺就是線圈，電流斷續地從擺錘的支點流向鐘擺。

一八九五年英國人霍普．瓊斯（F.Hope Jones）發明了子母鐘並取得專利。這種子母鐘的母鐘以三十秒鐘的間隔傳送訊號，子鐘則以母鐘的訊號作爲驅動能。子母鐘的原理與構造單純，其特色爲驅動的動能穩定，廣泛用於天文台等場所。而且在一九一八年美國人亨利．沃倫（Henry Warren）開發出以同步馬達驅動的構造後，電動鐘也更爲普及使用。

不過，日本在戰前經常停電，無法穩定維持規格要求的電壓，連帶也無法維持最關鍵的電流頻率。加上當時爲了省電，夜間經常將整棟建築物斷電，所以電動鐘的使用並未普及化。

一直到電池與電晶體的使用，才讓利用電力的時鐘普及，電動鐘最後在一般家庭用壁鐘上開花結果。這個潮流的開端是一九四八年問世的電晶體，同時也掀起了鐘錶業界的革命。

過去發條鐘擺錘的自由擺動以機械控制，精度受到影響。但在採用電晶體後，時鐘的機芯重量減輕，驅動脈衝的影響變小。因此只要確實安裝好，精度即可提高十倍。一九五三年法國L. ATTO公司在學術期刊上發表了以電晶體控制的鐘擺鐘研究論文，日本國內也由精工舍成功地在一九五八年推出了電晶體鐘擺鐘的商品。

在電晶體鐘擺鐘獲得好評以後，爲了將電晶體應用在座鐘、鬧鐘上，對於使用電晶體控制的鐘錘時鐘也不斷推進開發。一九六二年實現了「正確性、耐久性佳，一顆乾電池可以驅動時鐘大約一年」功能的座鐘「Cellstar」上市。在改良電晶體擺錘式機芯、開發出功率更佳的機械之後，「電池式壁鐘時代」從此揭開序幕。

專欄2　時鐘的指針為什麼朝右走？

時鐘的指針朝哪個方向走？不用多說，當然是向右。在日常用語的表現中，向右旋轉也稱作「順時鐘方向」，向左旋轉稱作「逆時鐘方向」。不僅如此，不論是瑞士製造的時鐘或是日本製的時鐘，指針一律向右旋轉，所以在其他國家製造的時鐘拿到日本來也能使用，日本製的時鐘拿到全球任何國家也都能通用無礙。

世界各國存在各種獨特、未被統一的規格。正確的說法、甚至還能說，統一的規格在世界並不多見。例如道路的通行，有的國家靠右通行有的國家靠左通行。電壓存在一百伏特與二百伏特等規格。車輛也分為左駕、右駕，因此同一台電器產品無法於全球通行無阻。地球上的語言有幾千種，度量衡的單位形形色色讓人眼花撩亂，在這當中，唯獨時鐘的規格萬國一致。

有趣的是，工業規格並未規定時鐘的鐘面與指針的旋轉方向。所謂的萬國一致，充其量只是世界各地的鐘錶業者承襲慣例而已。

為什麼所有時鐘一致都向右旋轉呢？在中小學的運動會上，可以看到跑步競賽的跑道方向都設定為向左轉（逆時鐘）。據說這是因為人體心臟位置所產生的結果。若朝右轉，會因為離心力的關係，產生身體要飛出去的感覺，跑起來較為困難。這項說法顯示了選擇向左旋轉的根據。

時鐘的指針之所以全球一致向右旋轉，是因為時鐘的歷史所產生的結果。人類最早製造的時鐘如第1章所敘述，是利用太陽影子的位置得知時刻的日晷。最早的日晷是在紀元前四〇〇〇年～紀元前三〇〇〇年由埃及人製作，埃及人的日晷指針（影子）就是朝右旋轉。後來，歐洲在西元一三〇〇年前後發明機械鐘時，鐘錶工匠就承襲了眾人熟悉的「日晷指針向右旋轉」的習慣。

這樣的解釋是否能為我們完全釋疑？其實只答對一半而已。為什麼這麼說？因為北半球人製作的日晷影子的確是向右旋轉，但是若在南半球，日晷的影子則是由右向左

指針向左旋轉的「理髮廳時鐘」（照片提供：SUNTEL）

走。換句話說，在埃及、日本製造的日晷影子是向右走，但是在南半球的澳洲、阿根廷，影子的變動則是向左走。北半球與南半球各占地球表面積的一半，因此指針右向旋轉與向左旋轉應該各有百分之五十的機率。難不成北半球與南半球的居民曾經在某處協議取得了共識？非也，歷史上並未看到任何協商留下的紀錄。

其實，在最早製造日晷的那個時代，有能力製造時鐘的民族都生活在北半球。在文明演進當中，愈來愈多地區也跟隨開始製造時鐘，但是到了那個階段，南半球的居民並未提出「讓時鐘的指針朝左轉」的要求，直接就沿用了北半球的鐘面。

不過有趣的是，日本在不久之前還存在使用「向左旋轉」指針時鐘的場所。這個地方就在理髮店裡。指針向左旋轉的時鐘是一種對客人的貼心設計，避免客人在瞌睡中迷糊醒來，猛然見到鏡中倒映的時間受到驚嚇。不過近來理髮廳也講求快速，客人不再像從前有機會在理髮的過程中不知不覺進入夢鄉，自然難以一見這種特殊設計的時鐘了。

另外，鐘面的數字為何不是從〇而是從十二開始？

在人類的文明中，首度發現〇是在第七世紀的印度。這項發現屬於數學領域，但在當時時鐘早已被發明出來。當然在那個時代還沒有機械鐘，各地使用的是日晷、水鐘，鐘面的文字從十二開始起算。

後來時鐘的鐘面文字也從未改變，一直使用頂點數字為十二的鐘面。之所以不使用〇的原因其實是「〇的發現」比時鐘的發明還晚的緣故。

還有一件有趣的事情。採用羅馬數字顯示的鐘面上，四點時的四不採用Ⅳ，而是

IIII。據說這是因為在十四世紀，鐘錶工匠奉法蘭西國王查理V世命令製作時鐘時，他用了IV激怒了查理V世，因為這個教訓而改用IIII。該事件以後，鐘錶工匠也都群起效之，改以IIII代表四。據說查理V世之所以震怒，是因為「自己的V世前面多了一個I會觸他霉頭」的關係。

所以，時鐘的指針與鐘面文字至今依然忠實地遵循著五千年來的歷史。

第3章

手錶的誕生

鐘（Clock）與錶（Watch）不同

在可攜帶的「錶（Watch）」誕生以後，時鐘的機械構造與產業形態也出現極大的改變。日語當中將各式各樣的鐘錶都統稱為「時計」，但是英語中將放在固定位置使用的壁鐘、座鐘、鬧鐘稱作「Clock」，行動攜帶用的腕錶、懷錶稱作「Watch」。雖然英語中也有統稱所有計時工具的單字「Timepiece」，但這個意思比較傾向無機質的機械。

據說Clock的字源來自拉丁文的cloccam（鐘）。最早的時鐘確實是透過鐘響報時。

在歐美，鐘與錶的銷售通路也與日本不同，在日本，鐘是由家用品店、室內用品的雜貨屋販賣，高級手錶的通路是珠寶店，低價手錶則在日用雜貨店銷售。在消費結構上，日本以中階的錶為大宗，歐美先進國家則相反，中階的錶銷量占比最少。

從鐘錶發展的歷史來看，時鐘隨著技術進步也朝「小型化」「可攜帶化」發展，在一六〇〇年前後懷錶開始流行，一九〇〇年左右腕錶成為時尚的一部分，「精密度」「佩戴的效果」「設計」都成為關注的重點。近年來，鐘類講求的是室內裝飾性，錶類重視的則是時尚效果。

錶類的機芯愈小，自然更方便攜帶也更受歡迎更適合在各種場域使用。不過也相對追求更高水準的精密性。在規格方面，鐘類的製造以毫米爲單位，但在錶類的製造圖面標示上，則以微米（千分之一毫米）爲單位。

鐘類與錶類的製造國家也不同。鐘類的製造以德國、法國、荷蘭等最爲興盛，錶類則以英國、美國、瑞士的產量占多數。昔日鐘錶的製造屬於尖端產業，但在鐘錶以外的各種產業蓬勃發展之下，今日，除歐洲的瑞士以外，鐘錶產業都已衰退。放眼世界各國，甚至製造廠，也只剩下日本既製造鐘錶也製造子母鐘這類設備時鐘。從這一點來看，日本確實是世界罕見的「時鐘大國」，而且日本電子技術的開發能力也領先全球。

另一方面，電子化的浪潮也衝擊了全球的產業，例如完全沒有鐘錶產業基礎的香港，就專門利用泛用零件組裝生產，擴大低價鐘錶的產量，讓積極推動工業化的中國在鐘錶業上地位明顯躍進。

發條的發明

本章主要將圍繞在錶類上，討論關鍵的時鐘技術原理與構造。

在動能方面，發條的發明爲錶類的發展開啓大門。在調速機構部分，一六七五年惠更斯（Christiaan Huygens）發明的附游絲鐘擺（也有一說認爲是與羅伯特・虎克（Robert Hooke）共同發明）被應用在一六〇〇年開始普及的懷錶上，對攜帶用時鐘（錶）的小型化與精度提升上做出很大的貢獻。

最具代表性的鐘擺是前文中已經說明過的擺桿，透過不斷來回運動計算時間。形狀類似鈴鼓的「擺輪（balance wheel）」以及安裝著擺輪、微細螺旋狀的「游絲」，都是爲了穩定來回運動的時間長度而發明的零件（圖**3－1**）。

驅動鐘擺的力量，是由擒縱器一次又一次補充的動能，游絲的功能則是爲了反轉鐘擺的運動。當擒縱器傳來的動能讓擺輪開始向左旋轉時，迴轉的動作會將游絲捲起來，但是當游絲捲到極限後，彈力的作用力會產生力量，試圖讓游絲回復原來的狀態。這時候擺輪

圖3-1　構成錶類用鐘擺的擺輪與游絲（照片提供：The Seiko Museum Ginza）

會先停住，然後反轉。接下來擺輪會朝右旋轉，游絲會轉過原來的位置打開，希望回復原狀的力量發生作用，讓擺輪在某個角度停止，然後又反轉。也就是說，由於游絲的力量作用，讓擺輪保持一定規律的來回運動（振動）。

游絲不僅不易受到外亂（外部會影響運動的因素）干擾，而且因溫度變化造成的彈性係數變動也很小。此外，只要改變游絲的移動距離（有效長度）即可調整擺輪來回所需時間，可提高時間的精度。

一般機械中，擺輪一秒鐘的來回運動約為五到六次（一往一回算兩次振動），一秒鐘振動八～十二次的機械稱作「高振動時計」。振動次數愈多代表愈穩定，精度也比較高，但是在維持高振動上必須仰賴強力的發條（更大更粗），同時也會增加主要零件的負荷，所以零件磨損比較嚴重，而且重量較重，必須降低對穩定性與耐久性的要求。

擒縱器的各種精心設計

有許多人設計了各種形態的擒縱器，但在手錶上用的是由Y字形棘爪與擒縱輪構成的「棍棒型齒（Club-toothed）擒縱器」（又稱瑞士式擒縱器）（**圖3－2**）。整個結構裡包含了擒縱輪、棘爪、位於擺桿中央的游盤（大鍔與小鍔），負責將棘爪的動能傳遞到擒縱輪的樞紐，必須承受高週期衝擊力道接觸的寶石軸承使用的是堅硬的人造寶石。

當棘爪卡住擒縱輪狀態時，棘爪與鐘擺的任何部位都沒有接觸，但當鐘擺朝箭頭方向轉動時，推動寶石（Impulse Jewel Pin）會進入盒子裡，棘爪的桿子橫向擺動，讓被寶石軸承（入爪）卡住的齒脫離鬆開。擒縱輪只會轉動一齒的距離，其對面的寶石軸承（出爪）則成了制動器（Stopper），停止擒縱輪的旋轉。然後，鐘擺返回，推動寶石（Impulse Jewel Pin）回到原來的位置後，桿子會來到對面側，制動器的寶石軸承脫離。

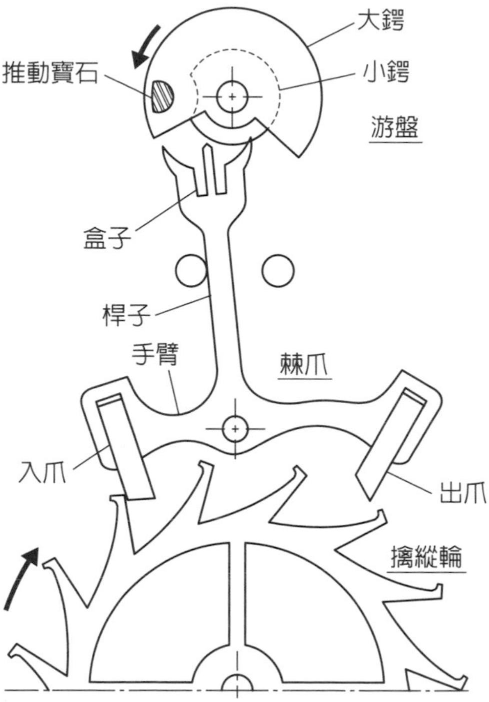

圖3-2　棍棒型齒擒縱器的構造

兩個寶石軸承透過插入到擒縱輪內停止擒縱輪同時推動齒前進，以兩拍的節奏規律地反覆動作，控制時間精度，轉動擒縱輪。

棍棒型齒（Club-toothed）擒縱器的原型來自一七六〇年托馬斯·馬吉（Thomas Mudge）所發明的「齒條槓桿（Ratchet tooth lever escapement）擒縱器」（又稱：英國式，**圖3-3**）。齒條槓桿擒縱器承受棘爪動作的擒縱輪輪緣

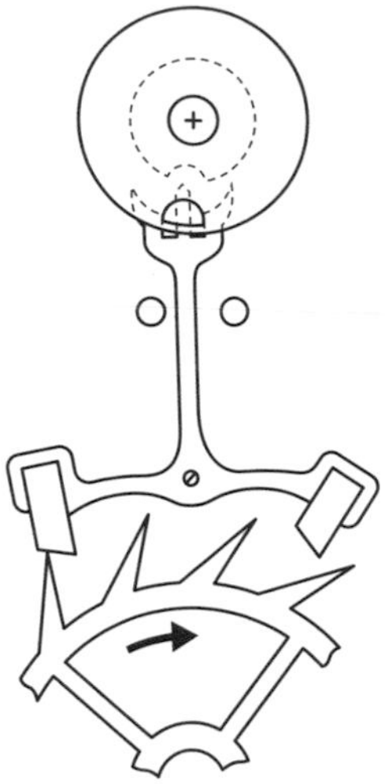

圖3-3　齒條槓桿擒縱器

很尖銳，所以對棘爪的衝擊力比較大，但是叉瓦（club tooth）式的擒縱輪前緣則加工成能緩和衝擊力的「承接」造型（形似高爾夫球桿頭）。

此處的功能由於由兩個寶石軸承分擔，因此對抗來自各個方向的衝擊力道能力較佳，適合手錶使用。但是棘爪前端的寶石軸承與擒縱輪的齒緣在衝擊力之下會直接相互撞擊，而且兩者的接觸距離較長，所以存在的摩擦較大，這是其缺點。摩擦太大就會降低動能的傳遞效果，同時也會造成零件磨損，須使用潤滑油以緩和摩擦。不過潤滑油只要稍有揮發即會產生老化，必須將鐘錶拆開加以清潔才行。

爲了解決這項缺點，一九七四年英國的鐘錶工匠喬治・丹尼爾斯（George Daniels）所使用的方法是兩片擒縱輪同軸配置的「同軸擒縱器」（**圖3－4**）。這樣的設計讓寶石軸承與擒縱輪齒的接觸距離縮短到齒條槓桿擒縱器的十五分之一以下，提高動能的傳遞效率也提升了時間精度。同時，擒縱輪齒緣所承受的衝擊力與摩擦都控制在零件材料可承受

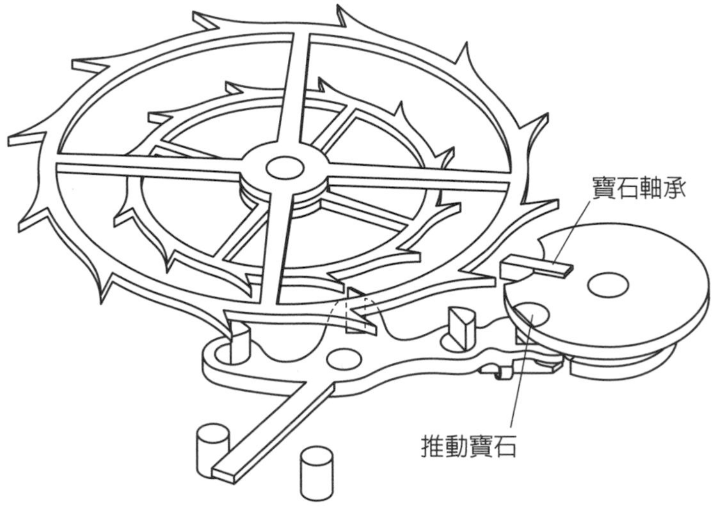

圖3-4　同軸擒縱器的構造

的強度範圍內，因此理論上的摩擦力爲零。也因此，理論上不需使用潤滑油。

歐米茄（OMEGA）就將這項原理應用在其鐘錶商品上，並命名爲「同軸（Co-Axial）式擒縱裝置」，於一九九九年上市銷售。

便利的自動上鍊（上發條）機構

早期機械鐘在上發條時，仰賴的是以手指捏住發條鈕（錶冠）不斷旋轉的「手動上鍊機構」。在轉動與發條鈕相連的上鍊柄軸（Winding Stem）時，會帶動同軸的離合輪轉動，透過與之嚙合的立輪（Winding

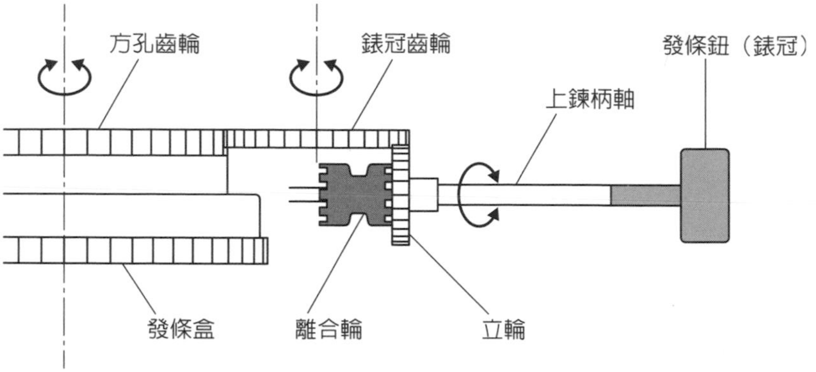

圖3-5　從側面看從發條鈕到發條之間的構造

pinion），爲位於發條盒內的發條（**圖3－5**）上鍊。

這裡有個重點，爲了避免手指放開後上鍊柄軸逆轉導致發條鬆開，因此在方孔齒輪（Ratchet Wheel）上有一個防止逆轉的零件，稱作「棘爪（Click）」（**圖3－6**）。棘爪前端加工成不對稱的形狀，會咬進方孔齒輪內，當發條朝規定方向轉動時，這個棘爪會放鬆不會咬緊，但是當發條逆向轉動時，棘爪就會發揮制動器的作用。不過，若是忘記上鍊導致動力減少時，發條的精度就會失準，甚至出現整個發條鬆掉、手錶停擺的情形。

爲了克服這個情形，鐘錶工匠於是設計了只要手錶戴在手上即會自動上緊發條的「自動

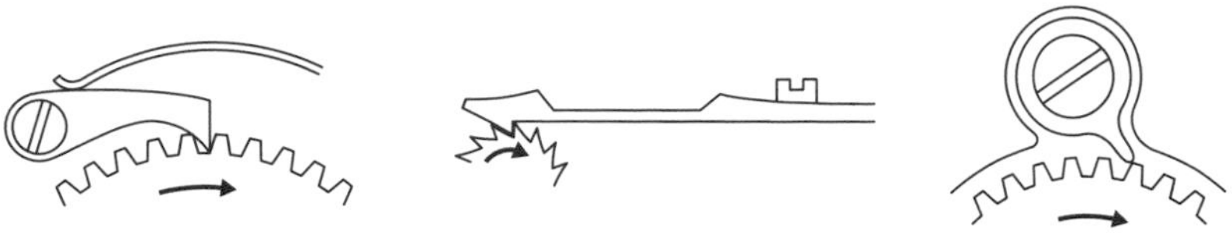

圖3-6　棘爪（Click）

上鍊機構」。在手錶內裝有以重金屬（主成分爲鎢，比重較重的合金）製作之偏心錘（重量集中於一點）旋轉錘，利用佩戴者的手臂擺動與地球重力的位置關係一點一點爲手錶上鍊。

根據鐘錶史的記載，最早發明並採用自動上鍊機構的是瑞士的伯特萊（Abraham-Louis Perrelet，一七二九～一八二六年）的懷錶，他並未申請專利，因此構造細節並不明瞭。有關手錶自動上鍊，爲我們留下詳細紀錄的是約翰．哈伍德（John Harwood），他在一九二四年取得了發明專利。哈伍德的做法是將有錘子相連的桿子與內裝發條的發條盒連接在一起，當手錶隨著手腕的動作擺動時，桿子即會左右搖擺進行上鍊。

除此之外，後來的鐘錶師還開發出各式各樣的自動上鍊方式。

夾心式（ROLLS）：利用動作（類比式手錶的機芯）與錶面同步上下晃動最大三毫米的動力驅動裝在錶殼兩側的桿子，爲發條上鍊。

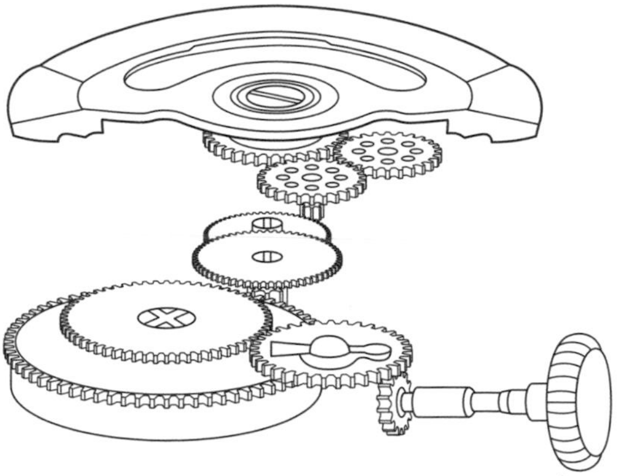

圖3-7　早期的自動上鍊機構使用多片齒輪

拉動式（AUTORIST）：利用手腕肌肉彎曲、突起時對錶帶施加的動能上鍊。

勞力士式（ROLEX）：裝在機械外側的半圓形迴轉錘可向左右任一方向旋轉，爲發條上鍊。這種方式的優點爲，迴轉錘的形狀設計不易保持靜止狀態，因此只要手錶稍有擺動即會被轉換爲動能，上鍊效率良好。一九三一年勞力士的自動上鍊裝置在取得專利時只有單向自動上鍊，但到了一九五〇年代已經改良出雙向自動上鍊的機構。

積家式（Jaeger-LeCoultre）：擺錘在基板上的弓形溝槽中來回擺動爲發條上鍊。這種方式的優點是，不使用迴轉錘，擺錘厚度不超出擺動範圍，因此機芯不會太厚。

綺年華式（Eterna）：採用滾珠軸承，不論迴轉錘

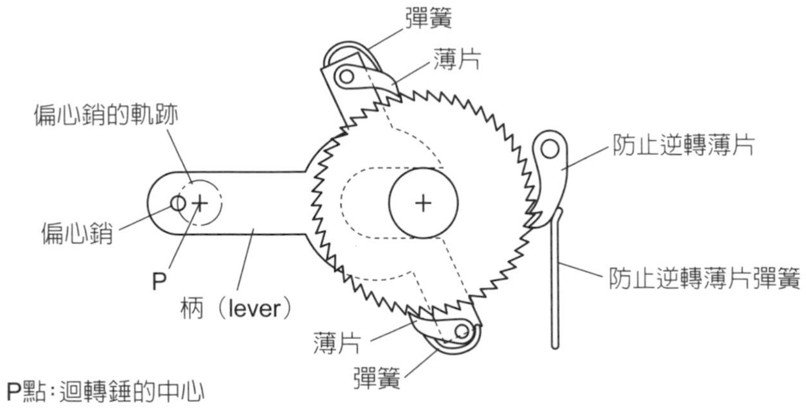

圖3-8　雪菲爾式自動上鍊機構

的方向爲何皆能爲發條上鍊。

極致式（Ultra）：這款方式的特徵是，不論迴轉錘朝哪個方向轉動發條都能上鍊，以及標準型的機芯（Movement）也都有自動上鍊機構。

雪菲爾式（Sheffield）：在雪菲爾式出現以前，傳統的自動上鍊機構都需要使用多個齒輪，結構複雜（**圖3-7**）。相對地，雪菲爾式採用了柄（lever）與防止逆轉的薄片，讓整體結構簡潔許多（**圖3-8**）。迴轉錘來回運動的動力傳導到柄後，薄片會卡住齒輪讓發條上鍊，防止逆轉的薄片則發揮煞車功能，防止齒輪朝鬆開的方向轉動。

精工魔術桿式（Seiko magic lever）：精

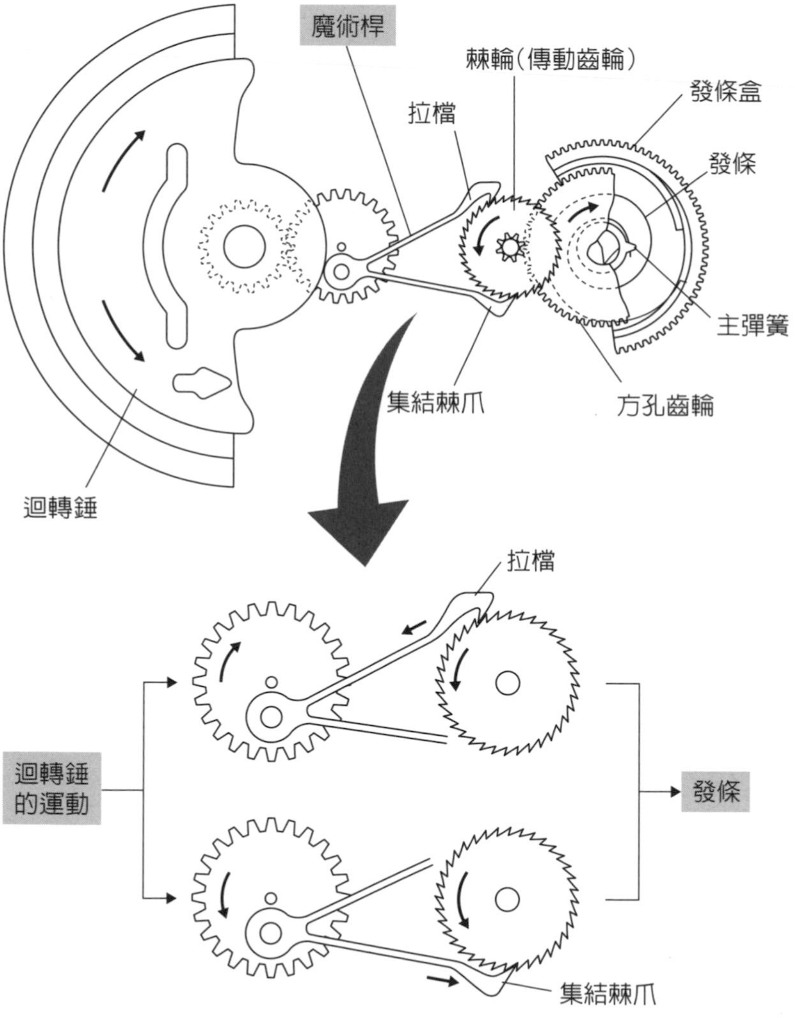

圖3-9 魔術桿式的自動上鍊機構

工做法的靈感源自於雪菲爾式，將薄片與彈簧合爲一體，使薄片具備防止逆轉的功能，因此七種零件得以合而爲一，整個結構變得更爲簡潔。來自迴轉錘的來回運動透過被命名爲魔術桿（**圖3－9**）的薄片桿傳導動能，讓齒輪只朝單一方向轉動，爲發條上鍊。

自動上鍊機構不僅省去了手動上發條的動作，還能保持發條處於某種上鍊的狀態，因此能穩定地提供一定的動力，有助於提升時間的精確度。

能補償「方位誤差」的機構

在補償「方位誤差」所造成的精度落差上，陀飛輪（Tourbillon）機構的開發確實提升了機械式手錶的精度。手錶的方位不斷改變，只要讓決定精度的關鍵——擒縱器與調速器保持轉動，就能利用方位的偏移補正時間誤差。陀飛輪是法語，意爲「漩渦」，因爲擒縱裝置如漩渦般旋轉以及調速器的模樣而得名。

機械錶與懷錶的十二點鐘位置時而朝上時而向下，方位不停地變動，這會導致時間精度出現差異。因此，即使在靜止狀態精度相同的鐘錶上，由坐辦公桌的人佩戴或者由經常外出拜訪客戶的業務員佩戴，鐘錶精度都會出現差異。

這種精度的差異，是因爲地球重力影響到調節擒縱器速度的調速機構（鐘擺）所造成。鐘擺由名爲擺輪的輪狀零件反覆劃半圓進行來回的圓周運動計算時間，但是擺輪的方位在縱向、橫向時，會受到重力變化影響，儘管差距微小，但圓周運動所花費的時間會因此略微縮短或拉長。

一七九五年亞伯拉罕・寶璣（Abraham-Louis Breguet）開發了「陀飛輪機構」，將影響精度最關鍵的整個擒縱器與調速器設計在同一框架（籠子）上運作，讓每一個框架一分鐘旋轉一次，消除擺輪因爲偏心錘造成的方位差異。

一八〇一年賈汗・寶珀（Jehan Blancpain）取得「飛行陀飛輪機構」的發明專利，這個機構在機芯內組裝了附有滾珠軸承的框架，最大的特點就是擺輪並不位於中央。

贊助者培養出的鐘錶師

在十八世紀的歐洲，王公貴族會訂購昂貴的時鐘，成爲優秀鐘錶師的贊助人。製作重要的時鐘或者開發新的技術都需耗費龐大的時間與費用。鐘錶師的生活，需仰賴贊助者不計較昂貴價格以及持續下訂單。

在這些贊助者當中，有一位是命喪法國大革命斷頭台的悲劇皇后─瑪麗・安托瓦內特（Marie-Antoinette）。瑪麗在一七七〇年離開奧地利，嫁給了法國的王子，四年後王子即位成爲法國的路易十六世國王。升格爲皇后的瑪麗極盡奢華，讓百姓無法忍受，不過她也是一位著名的時鐘收集家。

瑪麗中意的鐘錶師之一就是天才鐘錶設計師寶璣（Breguet），她見到寶璣接受其他國家的皇家或貴族訂單製造鐘錶，也跟著要求寶璣爲她打造「極致懷錶」。一七八三年，瑪麗皇后在訂製時鐘時，提出了「不管要花多少時間與金錢都無妨，幫我做一個具備所有功能、世界最美麗的鐘錶」的要求。

寶璣傾盡自己所有技術製作這只時鐘，他預計爲時鐘加入自動上鍊、會發出聲音通報時間的三問裝置（Minute repeater）、能按照不同月分調整日數甚至閏年的萬年曆、顯示與日晷時間差的均時差裝置、金屬寒暖計等的高度技術，並實際著手製作。但是就在六年後的一七八九年，法國發生了法國大革命，這也改變了瑪麗皇后與寶璣的生活。

瑪麗皇后在訂製這隻懷錶的第十年，於一七九三年十月遭到處刑，寶璣則被視為是瑪麗的協助者，好不容易僥倖逃過一死回到祖國瑞士。但在大革命的風暴結束後，一七九五年寶璣再度回到巴黎，將他的鐘錶店重新開張，重新開始鐘錶製作的工作。後來，一八二七年這隻世界上最精緻的懷錶「瑪麗．安托瓦內特」終於完成。從訂製到完成總共耗費了四十四年的歲月，據說支付給工匠的工資總計達一萬六八六四法郎。這隻懷錶的售價換算為今日的貨幣，絕對超過了三億日圓吧。

遺憾的是，瑪麗皇后始終沒有機會親眼欣賞自己訂製的「極致懷錶」，寶璣因為瑪麗皇后的要求製造出最極致的懷錶，他的技術也因此更上一層樓。

精度證明——「天文台（chronometer）規格」

瑞士所制定的天文台規格與檢測認證對提升手錶的品質也做出了貢獻。

過去的天文台主要會舉行精度測試與高超精度鐘錶的檢定。一八六六年在日內瓦天文台開辦的檢定（實施至一九七五年為止）項目包括：①甲板天文鐘（Deck chronometer）、②機芯直徑三十八～四十三毫米的懷錶，③直徑三十八毫米以下的懷錶三種，但是在一九四四年又新增了三十毫米以下（相當於手錶）的機芯。

一八六〇年開始進行檢測的納沙泰爾（Neuchatel）天文台（實施至一九六七年爲止），其所辦理的認證針對四個領域：①航海天文鐘（Marine chronometer）、②直徑七十毫米以下的甲板天文鐘、③直徑五十毫米以下的懷錶、④用來戴在手腕上的天文鐘（自一九四一年起）。天文台爲了提升業界的品質水準，於一九四五年開始舉辦精準度競賽。

一八七七年起，在瑞士的比爾（Bienne）、拉紹德封（La Chaux-de-Fonds）、聖伊米耶（Saint-Imier）、日內瓦等地都成立了量產鐘錶的檢定機關，分別執行鐘錶的精度認證。這些檢定機關在一九五一年進行整合，成立了瑞士官方天文台檢測機構（Controle Officiel Suisse des Chronometres，總部位於拉紹德封），從一八九八年到一九七三年之間總共修訂了十次檢定標準。

根據其檢定標準，所謂的「CHRONOMETER（天文台錶）」是指由官方檢定機構實施的機芯檢定規格，其定義爲「高精度計時，在不同方位差、溫度差下進行過調整而獲授合格證書的鐘錶」。目前的檢測是以不同的鐘錶方位（五個方位）以及在不同的檢查室溫度（八度、二十三度、三十八度三階段）進行爲期十五天的精度測定，唯有符合平均日差在快不可超過六秒、慢不可超過四秒等各項規格的鐘錶才能取得天文台錶的稱號並獲頒證明書。

檢定工作不是針對不同的機種抽樣進行，而是對每一隻鐘錶一一進行，這個做法尤其意義深遠。通過檢定的機芯（Movement）會被賦予專有編號，同時附上塡寫了檢定結果並有檢定局長簽名的證明書。順帶介紹，檢定時會安裝沒有任何品牌名稱的錶面與時針分針，以避免檢查人員有先入爲主的印象。

促進鐘錶普及的量產技術

鐘錶價格降低爲一般人民帶來了莫大恩惠。這讓原本僅屬於某些特權階級的鐘錶從此普及到各個階層，讓一般人也能確立自己的生活步調。在過去只有特權階級擁有鐘錶的時代裡，就有不肖的經營者利用員工沒有鐘錶的情形占勞工便宜，偷偷調整工廠裡的掛鐘讓員工超時工作，超出合約規定的工時。

十九世紀初，因爲美國確立了鐘錶製造的分工系統，鐘錶得以大量生產，鐘錶價格也劃時代地降低。過去的鐘錶，尤其是手錶主要都在歐洲生產，由經驗老到的鐘錶工匠一手包辦從零件製造到組裝的整個製程，因此價格昂貴，一般百姓負擔不起。

但是自從美國的伊萊．惠特尼（Eli Whitney）於一七九八年在毛瑟槍（Musket）製造上提出了「大量製造可互換零件的概念」後，大量生產的做法就應用在各種工業產品的製造現場上，爲製造業帶來革命。伊萊．泰瑞（Eli Terry）將大量生產的概念引進到鐘錶的生產上，一八〇二年他在美國康乃狄克州興建了一座時鐘工廠，將時鐘的製程分成二十五個步驟分工作業，這個做法一年可以生產兩百個時鐘。比較慘的是他所製造的時鐘賣得並不好，於是泰瑞陷入自己必須努力賣鐘的境遇。

推動手錶量產的人物是亞倫．丹尼森（Aaron Denison）。在一八五三年時，一個手錶需耗費二十一天的工時才能製造完成，但是到了一八五九年已經縮短到四天。幸運的是，丹尼森的手錶因爲南北戰爭的特殊需求，以及鐵道公司的大量採購，訂單如雪片般飛來，這也帶動誕生了許多新的手錶製造商。

除此之外，策劃各式各樣一美元商品並在郵購銷售十分成功的羅伯特．英格索爾

（Robert Ingersoll），他也推出了一美元鐘錶商品，讓「一美元鐘錶」爆炸性地暢銷，大大拓展了鐘錶市場。鐘錶製造的成本大幅降低，再加上鐘錶製造獲得大衆支持，這對過去只有富裕階級買得起鐘錶的鐘錶先進國家，例如英國以及瑞士造成了很大的衝擊。

確立了製造技術並製造出品質一致的零件（可互換零件），同時將需要工匠技術才能進行的組裝、調整作業交給熟練作業人員，簡單零件的部分則由資淺的員工製造，這樣的分級作業做法確實大幅降低了製造成本。

火車事故促使人們對品質管理有進一步認識

有一個明確的例子可以說明鐘錶的精度對人員的安全性如何造成直接的影響。事件發生在一八九一年四月十九日，在美國俄亥俄州一個名爲基普頓（Kipton）小鎮發生鐵道事故。在這樁事故中，湖岸與密歇根南方鐵路公司（Lake Shore & Michigan Southern Railway Co.）的兩輛火車在一條單線軌道上正面相撞，造成了十一人死傷的憾事。事故發生的原因是有一列火車的駕駛員時鐘慢了五分鐘。

當天郵務快車四號朝東疾駛，但是在同一條軌道上還有另一列朝西行駛的火車。這列朝西的火車在到達基普頓時原本應該暫時進入待避線中等候。但是由於火車駕駛的時鐘慢了五分鐘，導致駕駛以爲自己的火車提早五分鐘抵達。他因此判斷自己在預定時間以前來得及將火車駛到下一個車站，於是就駕駛火車上路。此時信號交換手慌張地通知了列車車掌，告訴他「郵務快車四號依照時刻表準時通行」，但是西向火車的列車長卻充耳不聞。

在事故調查發展下，鐵路公司因爲事故完全出乎意料的肇事原因而備感震驚。對鐵路公司來說，他們並未對時鐘訂定特別的要求，因此鐵道員們以身邊可得的時鐘計時。例如有一名火車駕駛把家裡的鬧鐘帶到列車上懸掛在車掌室裡，另外一名駕駛在買成衣西裝背心時得到一隻廉價的懷錶贈品，就利用這隻贈品懷錶控制火車。

湖岸與密歇根南方鐵路公司聽到調查結果十分震驚，於是委託外部的鐘錶銷售公司檢討改善方案。這家鐘錶公司在一八九三年提出了改善方案，包括：①訂定鐵道專用時鐘最低的必備條件、②在維持正確性上，訂定鐵道工作人員所持之鐵道專用鐘錶所需的監查委員與時鐘的監查方法。

順便介紹，所謂的鐵道專用時鐘最低的必備條件包括：「鐘錶的尺寸爲十八或十六型」「經過五個方位的調整」「一週內的計時誤差在三十秒鐘內」「在華氏正四十度、負九十五度的溫差下經過調整」「發條鈕安裝在十二時的位置上」「鐘錶面的文字採用無裝飾、粗體字的阿拉伯數字書寫」，除了訂定鐘錶品質的最低標準外，這些規定也考慮到「易讀性」，以避免誤認發生。

在維護管理上，該建議也提出「火車駕駛的鐘錶每兩週必須接受稽查，一週誤差若超過三十秒就必須送去修理、調整。即使是合格的鐘錶，每年也必須拆開分解清掃一次，並且製作維護檢查紀錄」。

這些建議受到鐵路公司充分的認同、遵守，因此確立了鐵道界對鐘錶與時間管理的制度，甚至也對提升鐘錶品質做出莫大的貢獻。

電池式手錶的登場

自動上鍊式手錶的出現讓機械錶更方便使用。不過，一般發條的持續動能提供時間約四十八小時，在週休二日制度引進之後，手錶脫掉兩天自動上鍊就會失效，造成計時停擺。

許多國家的鐘錶廠也對電池式手錶做了研究，最早發表的是美國愛爾琴（Elgin）公司與法國的厲溥（LIP）公司共同開發出的「鐘擺調速式電池錶」，但是該電池錶最終並未商品化。最早上市銷售的電池錶是美國漢米爾頓（Hamilton）公司的產品。除了發條以外，其他主要構成零件與一般的機械錶相同。只要電池還在有效期限內，就能不停地穩定供應動能給手錶，也能預期在精度方面帶來加分效果。

使用發條的機械錶其動能是從發條盒→齒輪組→擒縱輪→棘爪（Ankle）→擺錘依序傳動，但是擺錘式電池手錶的動能傳動順序則是電池→擺錘→棘爪→擒縱輪→齒輪組，順序完全顛倒。後來其他公司也推出了同類商品，但是卻出現了機械零件接觸導致火花發生，產生接觸不良的問題。

這個問題後來被日本的星辰錶解決了。星辰錶取消機械接點的結構，開發出以電晶體（Transistor）構成之電子線路控制的電磁驅動裝置。電能在電子線路中流動，以電磁驅動裝置振動與可動磁鐵一體的擺錘。這也帶動了手錶快速朝電子化的方向發展。

防水規格提高了實用性

隨著手錶逐漸普及，人們也開始在日常生活中佩戴手錶活動，這讓手錶開始面對各種環境狀況的挑戰。

其中，防水規格提高了手錶的實用性，解決了許多問題。當手錶具備了防水功能後，人們即可佩戴著手錶接近有水的地方，比較不需顧忌使用環境的限制。而且防水結構也提升了氣密性，同時避免汙垢、灰塵的入侵，同時升高了對溫度變化、溼氣、沙土、油的耐性，有助於讓機械保持在良好的狀態。另一方面，對於手錶的佩戴者來說，手錶具備了防水功能讓使用更爲安心。不過，防水結構或防水墊片也增高了手錶的厚度，導致重量加重，也成爲設計上降低時髦效果的一個扣分因素。

世界上第一隻防水手錶的機種，是將整塊金屬挖洞製成外殼，然後採用組裝旋入式錶冠的構造，由瑞士勞力士公司在一九二六年發售。當年，防水錶被視爲是針對部分專家需求的特殊功能，但是日後又開發出各種構造與加工方法，降低了製造成本，防水規格也普及到一般的手錶上。

這裡要根據日本工業規格（JIS）與國際標準化組織（ISO）的規格，介紹日本鐘錶廠的防水規格。

不防水錶：這類手錶未針對浸水進行設計，錶殼厚度採用極薄設計，常見於時尚錶（Dress watch）、手鍊女錶（Bracelet watch）上。歐洲的氣溫本來就比較低，氣候乾燥，因此一般的手錶沒有特別的防護設計。但是日本的氣候高溫潮溼，手錶在夏季戴過之後還須注意將汗水擦乾。汗水中含有各種會損傷金屬的物質，還得留意不讓汗水從錶殼的嵌合處滲入機芯。因此在一些日本廠牌製造的手錶中，會加上防汗滲入的防汗墊片。

日常生活用的防水錶（二～三氣壓防水）：這類手錶的防水效果能提供日常生活中的保護，例如洗臉、下雨這類場景。在瞬間遭遇小雨等「落下來的水」或者洗臉檯內淺淺的水灘時，手錶不會因而故障，但是就算只是淺淺的水灘，手錶也不能一直浸泡在水裡。

日常生活用強化防水錶（五氣壓防水）：從事經常接觸水的工作或者游泳、駕船等的水上運動時可佩戴的錶。由於發條鈕周邊有保護設計，因此就算遭遇洗車時等水壓較大的水花也沒問題。

日常生活用強化防水錶（十或二十氣壓防水）：可佩戴著進行自由潛水等。若要戴著洗澡，手錶最好能有十氣壓以上的防水功能。不過在寒冷季節佩戴手錶入浴，手錶在反覆暴露於氣溫變化劇烈的環境下會導致橡膠墊片提早老化，還是建議應該避免。

空氣潛水錶（水肺潛水用防水，一百～二百公尺防水）：使用氣瓶潛水時，氣瓶所顯示的深度範圍都適用。

飽和潛水錶（飽和潛水用防水，二百～一千公尺防水）：使用混合氦氣與氧氣的飽和潛水也適用。

除此之外，日常生活用（強化）防水錶上顯示有可承受的最大壓力，不過其所顯示的壓力是在水深中活動時的動壓。

耐衝擊功能

對手錶這種精密儀器而言，衝擊是一個很大的問題。佩戴著手錶的手臂一定會遭遇撞擊，或者在穿脫的過程中讓手錶掉落，甚至在下樓梯時，手腕上的手錶其實也同時在承受相當的衝擊。人體結構柔軟，身體許多部位都能吸收衝擊的力量。相對地，手錶承受衝擊的零件小巧，而且因爲結構細微衝擊力量更容易集中於某處，導致負荷更大，造成故障發生。

機械錶的錶身中，最脆弱的部位在支撐平衡擺輪的平衡軸（Balance staff）上，爲了避免與穴石（Hole jewel）的摩擦負荷，兩個前端的尺寸都在零點一毫米以下。爲了避免衝擊力道會集中在此處導致平衡軸折斷或變形，這裡有一個吸收衝擊力量的零件「耐震軸承」。

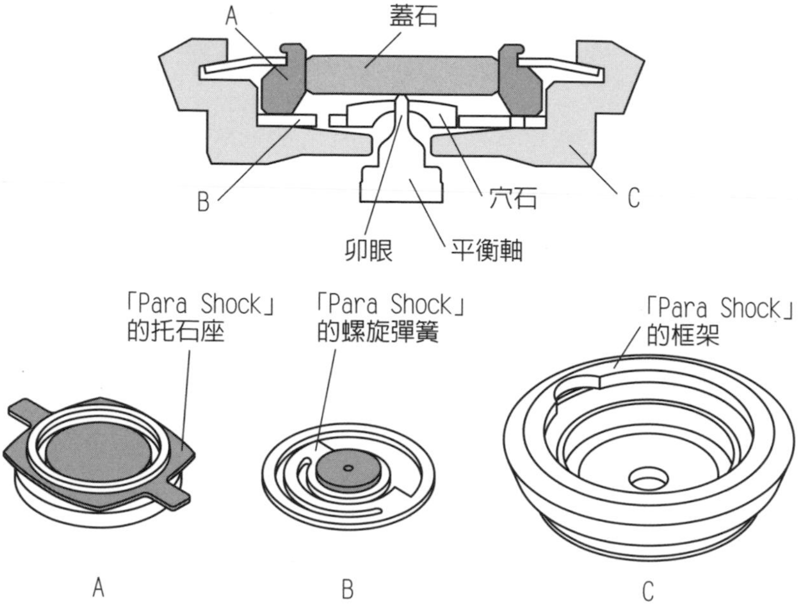

圖3-11　「Para Shock」的構造與主要零件

瑞士曾在一九三三年～一九三八年之間發明了幾種耐震的做法，這裡介紹的是在日本開發、星辰錶「Para Shock」的構造（**圖3－11**）。

「Para Shock」（para即防護的意思）結構的零件是由：①托石座（Cap jewel mounted）、②螺旋彈簧（Spiral spring）、③框架三個部分構成，平衡軸從水平方向支撐著固定在螺旋彈簧上的穴石，托石座從垂直方向支撐住固定在托石座上的蓋石（Cap jewel）。

不過當手錶的水平方向受到撞擊時，平衡軸的卯眼雖然會接觸穴石，但是螺旋彈簧會朝水平方向變形，因此能將撞擊力道分散掉，緩和衝擊柄軸的力量。來自垂直方向的撞擊會讓平衡軸接觸蓋石，與蓋石一體的托石座彈簧會變形，分散撞擊的力量。這樣的機制即可吸收來自各個方向的撞擊力道，保護平衡軸的卯眼。

星辰錶爲了宣傳「Para Shock」的效果，於一九五六年六月十日在大阪的御堂筋大道上空，從靜止停在距離地面三十公尺高的直升機上將手錶投下，藉由公開實驗確認性能，這項實驗在全日本掀起了熱烈的回響。

另外一款引發討論的耐衝擊手錶，是卡西歐計算機公司在一九八三年發售的「G-SHOCK」。「G-SHOCK」這款產品打破了大衆認爲「機密器材不耐振動」的一般認知。

「G-SHOCK」透過「五段吸收撞擊構造」（**圖3－12**）以及「心臟部點接觸懸浮結構」（**圖3－13**）來保護機芯避震。

爲了製造出「能耐衝擊的」手錶，卡西歐的技術人員首先開發出的對策就是避免撞擊力道集中於一處，利用多段結構的零件吸收掉衝擊的力量。從圖中可以看出，手錶的機芯外有五段零件包覆，將衝擊力道分別吸收，以便讓撞擊力量傳遞到最後階段時成爲零。不

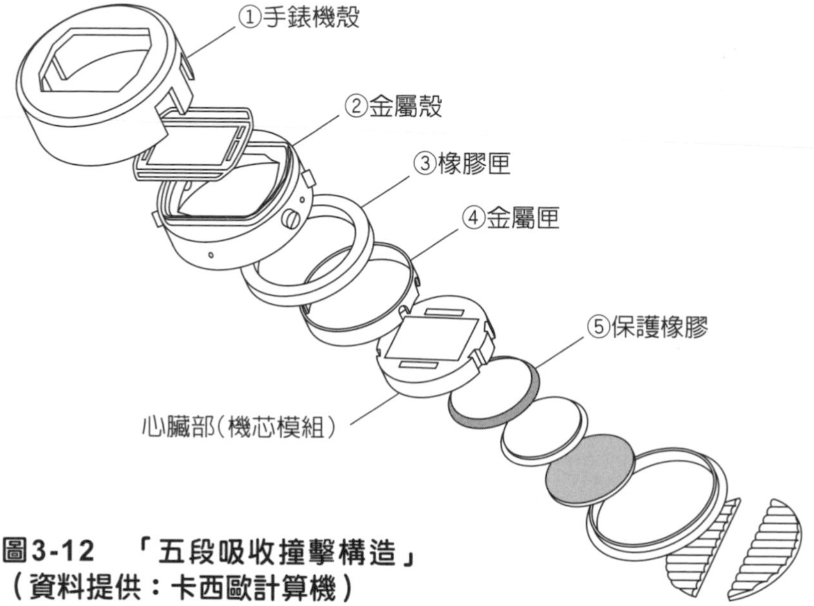

圖3-12　「五段吸收撞擊構造」（資料提供：卡西歐計算機）

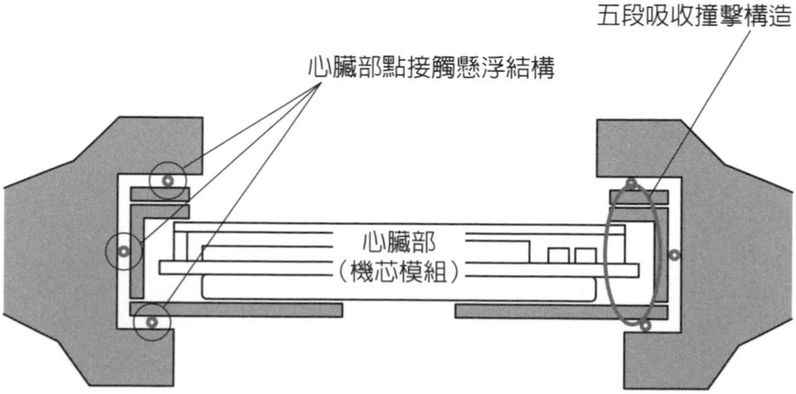

圖3-13　「心臟部點接觸懸浮結構」（資料提供：卡西歐計算機）

過，最初這項設計在手錶從十公尺高以上掉落下來的實驗中並無法完全承受撞擊力量，相對較弱的零件因衝擊而損壞。

解決此困境所開發出的方法是「心臟部點接觸懸浮結構」。這項設計的靈感，來自球體正中央幾乎不受外來衝擊力量影響的現象。手錶的設計是把機芯以懸吊的狀態放在外殼當中。

除此之外，只要縮小支撐機芯的接點，所傳導的衝擊力量也會變小，所以卡西歐不採用支柱或固定零件的接點方式，而是使用迷你的球狀緩衝材料作爲接點。

卡西歐爲了宣傳「優秀耐衝擊性」的性能，在美國的電視廣告中由冰上曲棍球選手使用冰棍將G-SHOCK打進球門，這個廣告被懷疑有「誇大廣告」的嫌疑。不過當地的電視公司製作了一個檢驗的節目，確認手錶並沒有損壞，證明了廣告的宣傳內容。這個番外篇反而成爲G-SHOCK的正面廣告，大大提高了G-SHOCK的知名度。

專欄3　布穀鳥鐘為什麼變成了鴿鐘？

每逢整點，時鐘的小窗就會露出一個鴿子的頭，依時刻幾點鐘就鳴叫幾聲。這種有鴿子叫聲的時鐘非常受兒童們歡迎。不過鳥類有各式各樣，為什麼鴿子會雀屏中選？

最早的鴿鐘是在一七三〇年誕生於德國特里堡（Triberg）附近。這個地區被德國西南部整片的「黑森林（Schwarzwald）」包圍，一到冬季就進入雪封狀態，因此此處的居民很流行從附近的森林砍木材在家中製作木頭的工藝品。這些木頭工藝品中的一種就是布穀鳥鐘，模仿「棲息在森林裡杉樹上鳴叫的布穀鳥的模樣」。換句話說，鴿鐘的雛形來自布穀鳥鐘。

進入十九世紀後，鐵道技術人員從鐵軌旁的平交道小屋得到靈感，做出山屋風格的設計並且獲得好評，讓今日布穀鳥鐘的設計完全成形。

布穀鳥鐘在昭和初期（一九二五年以後）進入日本，雖然維持原來的設計風格，但是鐘內的鳥從布穀鳥變成了鴿子。鴿子是街上四處可見的鳥，這樣的鴿子住在山屋裡感覺有些違和。為什麼在日本不繼續沿用布穀鳥呢？

對於這個情形，有一說認為「日本的小孩子對布穀鳥不熟悉」。筆者查了一下布穀鳥的資料。布穀鳥屬於杜鵑科，廣泛分布在歐亞大陸到非洲之間。布穀鳥在夏季會遷徙到日本，居住在九州到日本北方大多數日本國土上。因此若在森林裡散步，都聽得到布穀鳥的啼叫聲，對日本的兒童來說未必不熟悉。反倒是鴿鐘設計裡的杉樹與尖頂山屋，對日本人來說比較陌生。

另一方面，鴿子不論在西方或日本都給人很好的印象。在基督教的世界裡，鴿子象徵著靈魂或精靈，日本自古以來也認為鴿子是八幡神的信使。尤其白鴿是純潔的象徵。

於是又有第二種說法出現，認為採用鴿子是因為「鴿子是和平的象徵」。在歐美，之所以視鴿子為和平的象徵，源自於聖經裡描寫了「諾亞為了確認洪水已完全消退，派出鴿子飛往探測；飛回來的鴿子嘴裡銜著一段新折下來的橄欖綠枝……」日本在一九一九年為了慶祝第一次世界大戰結束所推出的和平紀念郵票，就以鴿子作為圖案。不過象徵和平的鴿子必須有「橄欖枝」一併出現，鴿鐘裡並未出現橄欖枝。

第三種說法是，布穀鳥的習性會將自己的卵托給其他鳥類孵育，剛孵出的布穀鳥寶寶會在第一時間將寄生巢原主人的卵推出巢中，是一種討厭的鳥類。布穀鳥這種寄生的行為確實是慘絕人寰，在電視的紀錄片中，就曾經播出雌布穀鳥趁著正在孵四顆蛋的東方大葦鶯短暫離巢之際，飛到其巢中，以鳥喙刁起一顆大葦鶯的蛋拋出巢外，然後立即產下一顆蛋的影片。整個過程只有七秒鐘，雌布穀鳥的動作非常快，這種熟練的動作恐怕不是第一次發生。

東方大葦鶯回到巢內，不明就裡地又繼續孵蛋，這時候布穀鳥就率先孵化出來。鳥媽媽奮力地蒐集食物攜回巢內，百分之百獨占食物的布穀鳥雛鳥跟著慢慢長大。

經過數日時間，布穀鳥媽媽飛到附近的樹上開始「布穀、布穀」地鳴叫起來，於是發生了可怕的悲劇，就像事先設定好的程式被啓動了一般，羽毛尚未長出、眼睛也還沒張開的布穀鳥雛鳥立即站起來，利用自己背部的凹處與巢的內壁，將其他的蛋一顆一顆地拋出巢外。即使東方大葦鶯媽媽飛回巢內，布穀鳥雛鳥依然繼續推出其他蛋的動作，花了大約三個小時將所有的蛋都推出丟棄。東方大葦鶯媽媽無法把蛋撿回來，只能繼續餵食布穀鳥雛鳥。這個情景讓可愛的雛鳥顯得更加可憎。

第四種說法認為「在日文裡，布穀鳥的漢字寫作『閑古鳥』，意思不太吉利」。辭典裡對「閑古鳥鳴叫」的解釋為「寂寥，尤其形容做生意門可羅雀的情景。是『布穀鳥』的發音諧音」（岩波國語辭典）。在搬新家或店舖興建落成的祝賀上，經常使用掛鐘作為贈禮，若採用布穀鳥會顯得不太吉利，沒有人願意購買布穀鳥鐘作為禮物。這個理由令人意外，但或許就是時鐘設計上排除布穀鳥的原因。

因此，可推測當日本也開始製造生產布穀鳥鐘後，就選擇鳴叫聲類似的鴿子代替。事實上鐘錶業者也表示，鴿鐘的聲音「設計的是介於布穀鳥與鴿子之間的聲音」。

理由的正確答案雖然不明但非常有趣。

第4章

電子技術促成石英錶、數位錶的誕生

劃時代的音叉鐘錶

一九四七年美國貝爾實驗室的研究員威廉・肖克利（William Shockley）等人發明了電晶體，也推動各種商品的電子化。學習電子工學的歐洲物理學家馬克思・韓佐（Max Hetzel）任職於瑞士納沙泰爾（Neuchâtel）鐘錶研究所，他在一九五〇年代後半發明了組合金屬音叉的高精度「音叉錶」（**圖4－1**）。

音叉錶的原理是利用由電阻、電晶體所構成的迴路產生磁性，讓加工成音叉形狀（U字形）的鋼製振盪器產生振動，取一秒鐘正確振動三六〇次的振動進行每一週期的振動，然後以安裝在音叉臂上的集結棘爪（gathering pallet）一步一步推動刻在棘輪外圍的三〇〇個齒輪。振盪器之所以設計成音叉形狀，是爲了利用共振的效果調整振動週期，使其更爲精確。

不過，執著於機械鐘的瑞士鐘錶業界始終難以理解音叉鐘錶的優點，於是馬克思・韓佐前往了美國。當時與美國太空總署（NASA）保持良好關係的鐘錶公司寶路華（BU-

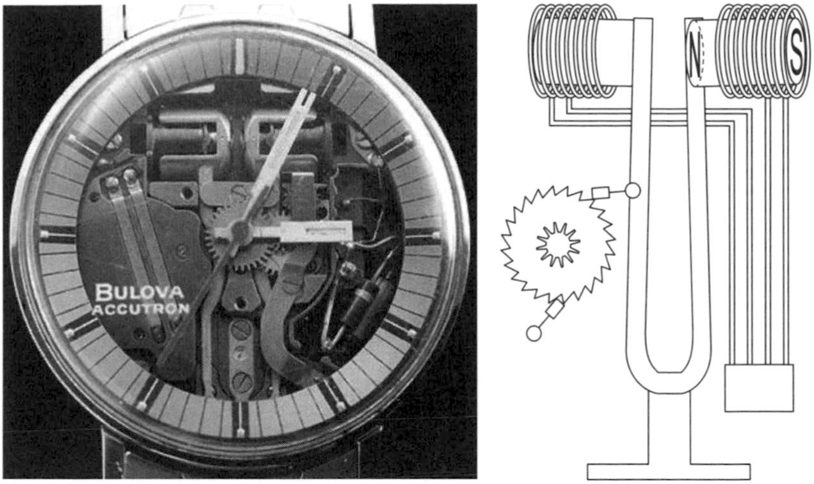

圖4-1　商品化的音叉腕錶（左）與音叉鐘的原理（右）

LOVA）對韓佐有很高的評價。

在當時，NASA在開發人造衛星上需要一個在特定時間開啓無線裝置電源的定時器，於是韓佐開發了一個重量比寶路華既有產品輕五十磅的定時器，提供給了NASA。此外，寶路華也在一九六〇年推出了命名爲「Accutron」的音叉腕錶。

在那個時代，中階等級的機械鐘一天的誤差在十五～二十秒之間，高階機械鐘的誤差也有五～十秒。但是「Accutron」一個月的誤差低於一分鐘，精度比機械鐘錶高出了幾十倍，這樣的成績對鐘錶業界帶來很大的衝擊。

在機械鐘的世界裡，瑞士與日本的鐘錶業者相互爭奪全球的鐘錶冠軍寶座，他們見到這項來自美國出人意表的創新產品感到非常訝異，急急忙忙向寶路華公司提出專利授權的要求，但是該公司回答「自己開發的產品要自己賣」，不願提供授權。各鐘錶廠只能無奈地繼續埋頭努力改善機械鐘錶的時間精度，同時也開始摸索「次世代鐘錶」的方向。

瑞士的做法是試圖找回馬克思．韓佐，請他協助開發更高精度的音叉鐘錶。精工錶則朝「石英鐘錶」的方向發展。在這樣的情形下，有一名隸屬於精工集團旗下諏訪精工舍〔今日的精工愛普生（Seiko Epson）〕的石英開發團隊成員，卻遭公司內部批評說：「你們打算搞垮公司嗎？」

不過「Accutron」也有它的弱點。在設計上，這隻錶從高振動數訊號轉換成低振動數的分頻器部分的確運用了了不起的電子技術。但是從音叉到轉換為振動的轉換機構，這部分屬於機械技術的領域，在快速推動棘爪時，零件容易出現嚴重磨損，而且齒輪縫隙更是問題的源頭，在翻轉顛倒的狀態下甚至會出現棘爪空轉的情形。

結果，寶路華公司孤軍奮鬥銷售音叉鐘錶，但就在音叉鐘錶還來不及普及之前，又誕生了次世代更高性能的石英錶。這時候儘管寶路華急忙將技術授權給其他數家公司，但已錯失時機，被石英的浪潮所吞沒。

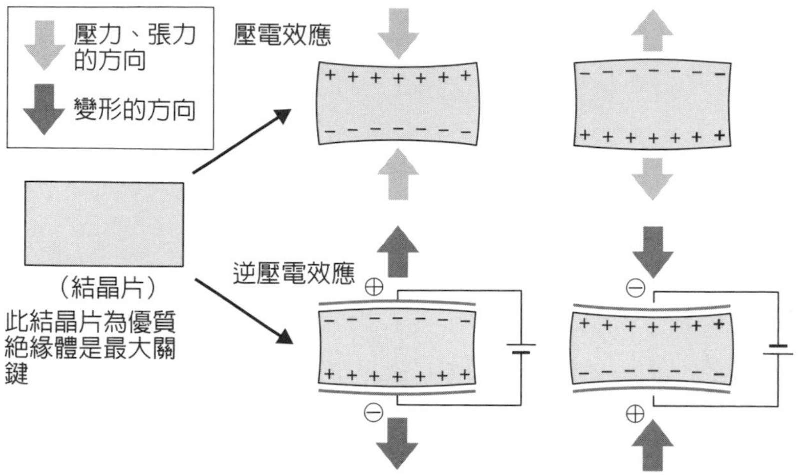

圖4-2　壓電效應〔根據《石英鐘錶》（Toren出版）的圖製作〕

石英錶的實用化

石英錶的心臟——水晶〔石英晶體（Quartz crystal）〕的最大特徵是能產生較金屬音叉高幾十倍的高速振動（一秒鐘數千～數百萬次）。

一八八〇年，法國人雅克．居里（Jacques Curie）與皮埃爾．居里（Pierre Curie）兩兄弟發現了「壓電效應」，也就是在碧璽這種寶石（今日稱爲「電氣石」）上施加壓力，石頭兩面就會產生電流的現象。隔年，物理學家李卜曼（Lippmann）發現「電氣石」會產生形變的情形，將之稱作「逆壓電效應」（**圖4－**

2）。後來，德國人吉貝（Giebe）與沙衣貝（Scheibe）等人研究了約三十種的結晶體，發現水晶會產生顯著的「逆壓電效應」，而且穩定性更高。

一九二二年美國的凱迪將水晶裁切成一定尺寸，成功地製做出能讓水晶產生一定振動次數的振盪器，這個振盪器隨即廣泛應用在無線通訊的發振器上。

思考如何將這種水晶振盪器應用在鐘錶上的是美國貝爾電話實驗室的沃倫．馬禮遜（Warren Marrison）。馬禮遜似乎是一位非常努力的學習者，因爲在一九八九年刊載於全美鐘錶收集家協會會報的私人信件中，就寫到馬禮遜「在三十五年中書寫了兩千頁的筆記與超過一百篇的技術論文，並在研究室進行了兩千件以上的開發，取得了七十件的專利」。這些成就中包括了「頻率的精度決定」「頻率的高精密基準」「石英鐘」「精密鐘錶的現代化發展」等論文。一九二七年，馬禮遜也完成了石英鐘的原型製作。

馬禮遜的石英鐘原理，是利用水晶振盪器振盪得到一百千赫的振動，然後將之透過眞空管在分頻器中降到一千赫，帶動同步馬達轉動齒輪來顯示時刻。精度一日的誤差約零點零二秒，這樣的精度與當時全球各地的天文台用來作爲標準時鐘的蕭特擺鐘、里夫勒（Riefler）的天文擺鐘大同小異。而且，專家們更關注於石英鐘受重力的影響小，以及後續在技術上仍有很大的發展空間。

但是馬禮遜為了控制水晶特有之易受溫度變化影響的特性，必須將石英鐘的振盪器放在恆溫槽中。恆溫槽為維持一定溫度需消耗大量的電力，分頻器的部分也需用到數百隻的眞空管。這樣的裝置必須有一個大如房間般的空間容納，運轉時不僅耗費龐大的交流電源，而且長時間的連續運轉，也會因為發熱導致眞空管斷裂，這成了馬禮遜石英鐘的一大弱點。

日本人的大發明

有關水晶振盪器，一九三二年東京工業大學的古賀逸策博士做出劃時代發現與發明，很值得在此介紹一番。

結晶的特徵之一，就是不同的方向物理性質不一樣。一般將結晶的成長方向稱為Z軸，與之相垂直的方向稱作X軸與Y軸（**圖4－3**）。在那個時代，水晶振盪器只有切割成與X軸垂直平面的X截（X-cut）晶體以及切割成與Y軸垂直平面的Y截（Y-cut）晶

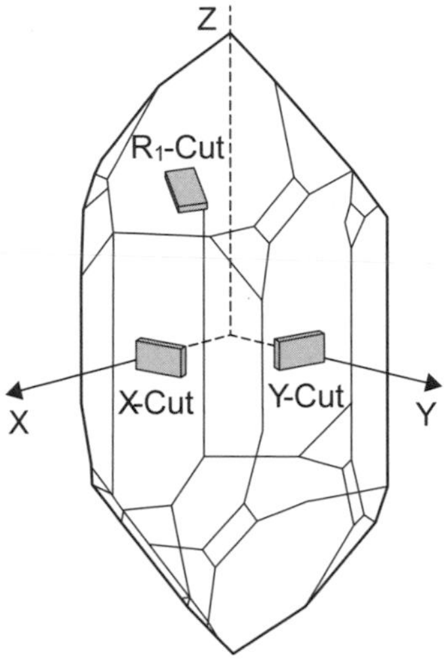

圖4-3　水晶的切割範例

體，其溫度特性分別爲：Ｘ截晶體在溫度降低時振動次數會增加，Ｙ截晶體則在遇到溫度上升時振動次數會增加。但是古賀博士假設在溫度係數爲負值的Ｘ截晶體與溫度係數爲正值的Ｙ截晶體之間，一定存在溫度係數爲零的點。他在理論上釐清了水晶片的切割方向、尺寸與溫度變化之間的關係。

後來古賀博士找到了從Ｚ軸以三十五度十五分的角度切割的R_1-Cut，這個R_1-Cut可將溫度帶來的影響控制在最小限度。R_1-Cut後來被貝爾實驗室以美式風格命名爲「AT Cut」，廣爲全球所知，後來無線電的振盪器也全面採用R_1-Cut。

圖4-4　精工舍製造出的第一座商業用石英鐘（照片提供：The Seiko Museum Ginza）

之後，到了一九四七年電晶體被發明出來後狀況整個改變。大量的眞空管被電晶體取代，石英鐘的尺寸縮小得和大型寄物櫃差不多。少了眞空管破裂的情形後，石英鐘可以長時間運作，也成爲實驗室或天文台的「時間標準器」。

從一九五〇年代末期開始，日本的精工舍也開始製造、銷售石英鐘，提供廣播電台作爲報時裝置使用。在這當中，日本人又有了重大發現。

精工舍製造出的第一座商業用石英鐘，是在一九五九年交貨給中部日本放送公司（CBC）使用（**圖4－4**）。這座石英鐘的振盪器採用能精確產生四點八兆赫的AT Cut，分頻器採用特性能完全控制的眞空管，爲此，須使用保持在攝氏六十度的恆溫槽。石英鐘的大小爲高二公尺、寬一公尺、厚零點五公尺，和一個日式五斗櫃的大小差不多。精度極高，日差在零點零八秒以內。

在交貨的幾個月後，CBC回報說這座石英鐘「用得時間愈久精度愈高」。仔細研究CBC石英鐘負責人員詳盡記錄下來的資料後，發現在交貨以後，石英鐘的精度一週比一週高。這些數據被帶回精工舍工廠做進一步仔細分析，發現水晶具有「經時變化」的特性，在持續通電的狀況下振動數會變得非常穩定。

有鑑於這些經驗，精工舍在製造水晶振盪器的過程中就多加了一道「老化（Aging）」的工序，先行將振盪器通電以更穩定振動狀況。到了一九六〇年，精工舍製作出高二十公分、寬二十五公分、厚五十公分、重十六公斤的精巧型石英鐘，製造出體積小且日差零點八秒的高精度石英鐘。這座石英鐘除賣給廣播公司外，也被實驗室、鐵路公司、船舶等行業當作標準鐘使用。

在此同時，精工舍也領先全球率先製造出家庭用的石英鐘，於一九六八年上市銷售。這台石英鐘使用兩顆一號乾電池作動，售價爲三萬八千日圓。最關鍵的水晶振盪器是以外徑二十毫米、厚零點二四五毫米的水晶板加工成漩渦狀。不過振動數在一五六赫茲就達到極限，所以保證精度爲日差一秒以內。順帶一提，它的轉換機制使用的是同步馬達。

體積縮小到萬分之一

儘管此時的石英鐘體積龐大必須固定安放，無法帶著四處走，但是一九五九年日本將石英鐘普及實用化了。從這一步開始，又過了將近十年的時間水晶錶才得以誕生。這個過程中遭遇的課題是什麼？簡單地說，要將石英鐘縮小到足以帶著走，首先需將固定式石英鐘縮小、重量減輕到萬分之一。驅動的電力需改善到只使用一個鈕扣電池就足夠等，還有多項技術障礙有待突破。

手錶機殼內的空間原本就十分狹小，幾乎沒有閒置空間。同時，還必須考慮佩戴在手腕時的環境因素。由於手錶隨著佩戴者一起行動，因此所遭遇的溫度、氣壓變化大，還可能遭受撞擊、汙垢、塵埃、水、汗等的傷害。

水晶錶的原理是以電力刺激水晶振盪器使其產生振動，將獲得的振動經過分頻轉換

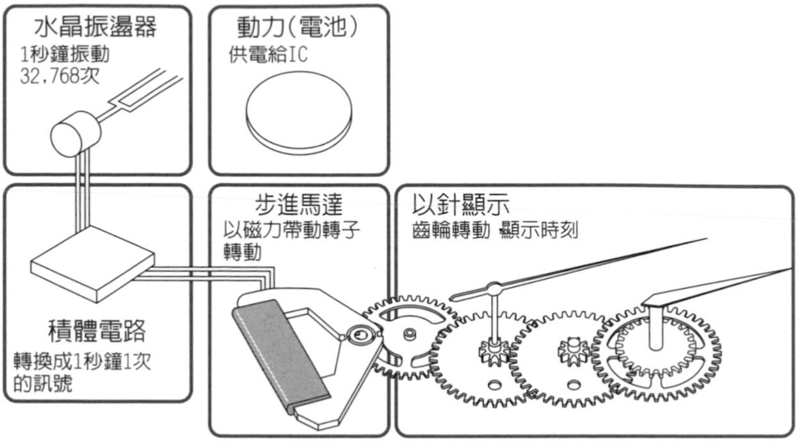

圖4-5　石英鐘的原理（根據The Seiko Museum Ginza提供的圖面製作）

成方便使用的電流訊號，再將電流訊號轉換成迴轉運動（類比鐘），推動齒輪轉動（**圖4-5**）。

要成功製造出類比石英鐘，必須解決至少三項關鍵的重要技術。第一是大幅降低驅動所需的耗電，讓一顆一點五伏特的鈕扣電池可長時間驅動石英鐘；第二是如何縮小維持時間正確的「發振機構」體積，並且減少受環境影響的程度；第三是如何開發出小型的「轉換機構」，將分頻迴路產生的電流訊號轉換成類比針的動作。

苦肉計之「跳秒運針」

有關電源的部分，要將一百伏特的交流電源改成一點五伏特的電池，首先必須將耗電降低到一千萬分之一。諏訪精工舍成功開發出第一個乾電池式石英鐘「Christal Chronometer QC-951」，此石英鐘也是一九六四年東京奧運會的計時器。「951」使用兩顆一號乾電池驅動，採用十一隻鍺電容器，三隻矽二極體，小型同步馬達。這大幅縮小了石英鐘的體積，大小約相當於一冊百科全書，二十公分×十六公分×七公分，重量三公斤。

水晶發振器的部分，爲了補正溫度變化造成水晶振盪器的振盪偏差，特別加裝了溫度特性不同的雙金屬，如此一來就不再需要使用恆溫槽，在節能方面向前邁進一大步。過去爲了維持恆溫槽的溫度，必須一直消耗十～三十瓦的電力，同時還有馬達的耗電等，整體需要一百～一百五十瓦的電力。在效率更佳的小型馬達（約六十五赫茲）開發出來後，耗電降低到零點零零三瓦。不過，要製造手錶還必須將耗電降低到千分之一才行。

若使用ＩＣ（積體電路）電氣迴路，就能減少零件的數量與耗電，只不過在那個時代尚未出現可以用一點五伏特電池驅動的積體電路。一九五九年發明了在半導體基板上安裝雙極性電晶體（雙極性接面型電晶體）與電阻組合的雙極積體電路，這種積體電路的演算速度雖然快，但體積與耗電仍然太大。

手錶很適合採用小型電池驅動的ＭＯＳ－ＩＣ（金屬氧化物半導體積體電路），尤其適合採用ＣＭＯＳ－ＩＣ（互補式金屬氧化物半導體積體電路）。爲此，諏訪精工舍的開發技術人員轉向ＩＣ業者要求協助開發。當時的ＩＣ業者光是爲了滿足電腦用途的雙極性電晶體已經工作滿載，所以並未認眞地回應這項要求。於是，諏訪精工舍開始自行著手研發。

諏訪精工舍自行開發的ＣＭＯＳ－ＩＣ在一九七〇年開始使用，但來不及應用在該公司嚴格要求在一九六〇年推出的第一個石英鐘上。第一個上市的石英鐘使用替代的混合ＩＣ，這個替代ＩＣ是在厚度零點二五毫米的陶瓷基板上，以焊接方式裝了七十六個電晶體以及二十九個電容器、八十三個印刷電阻器、一個電阻器（共計一八九個元件），這樣的超精密安裝作業需仰賴熟練的技術才可能做到。

這個卯足全力完成的石英鐘原型品使用一個鈕扣型電池，其電池壽命只能連續使用三個月。行銷部門諷刺這個原型的石英鐘「沒有哪個消費者願意買這樣的鐘」。這時候研發部門使出一招苦肉計，將秒針的動作從連續運針（Sweep）方式變更成每秒跳動一分格的「跳秒運針（Step）」方式。

這項改變不僅讓「電池壽命」增長到一年，而且創造了跳秒運針才是「正規石英鐘」的形象。

縮短音叉型振盪器的做法

第二個問題是如何將「發振機構」小型化，收容在狹窄的空間內，並且減少受環境的影響。一般的水晶振盪器振動數愈高精度也愈高，但是要提高振動次數或將高振動進行分頻時，需消耗大量的電力。

水晶是一種礦物，處於成塊的形態下十分堅固。不過爲了製作成振盪器，水晶被加工成又薄又長的形狀，這樣的形態讓水晶變得脆弱不耐撞擊。爲了保護振盪器不受外在環境

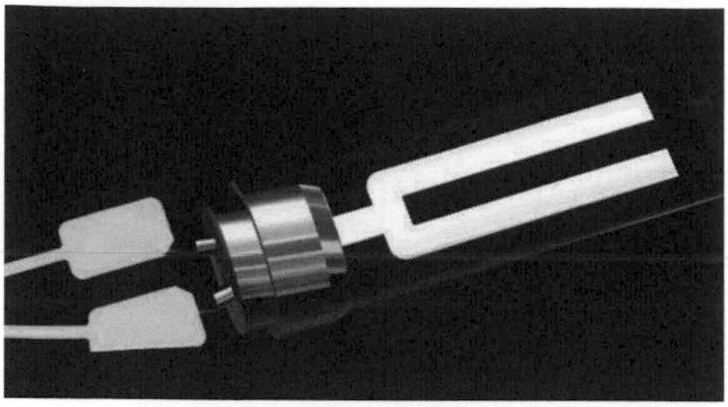

圖4-6　音叉型的水晶振盪器（照片提供：Seiko-Epson）

影響，科學家便將振盪器懸浮在眞空膠囊當中保護。

棒狀的石英形狀修長，容積較大。諏訪精工舍將水晶振盪器的形狀製成音叉型，這項改變讓振盪器的膠囊厚度、長度都縮減爲五分之一，外徑四點二毫米、長十九毫米（**圖4－6**）。

第一個石英鐘的振動數選用了八一九二赫茲。振動數以每次二分之一、共計十三個階段進行分頻（正確地將週期數減半）後，最後變成一赫茲（一秒鐘一個週期）。順帶一提，在每一個分頻迴路的階段需使用五～六個元件（電晶體），所以十三階段的分頻需使用七十～八十個電晶體。後來的石英鐘根據振盪器的尺寸、效率、使用方便性，一般採用的振動數爲三萬二七六八赫茲。

另一方面，瑞士的水晶振盪器非棒狀亦非音叉型，而是採用鏡片狀的「厚度滑動（Thickness-Slip Vibration）型」振動。其振動數從三萬赫茲到數百萬赫茲（MHz，兆赫）之間，瑞士的鐘錶公司企圖藉此振盪器追趕日本以高精度技術領先的腳步。歐米茄（OMEGA）公司採用了二點四兆赫，英國的史密斯公司（Smiths Clocks）起用了一點五兆赫的振盪器，但是數百萬赫茲的分頻技術更爲複雜，造成難以控制、耗電過大導致電池壽命極短等實際應用面的問題，產品銷售沒多久後就停產了。

最後關鍵在於轉換機構

「轉換機構」始終是讓技術人員傷腦筋的問題。過去實用化的手錶中，「轉換機構」有：①擒縱輪與鐘擺（機械鐘）、②棘輪（Rachet）推進（音叉鐘）、③磁氣擒縱器、④馬達，但爲了發揮石英的高精度，保持長期穩定的性能，唯一能依賴的只有零件以及不與零件直接接觸的馬達。

這時候被開發出的對策是組合永久磁鐵與電磁鐵，將一秒一次的訊號轉換成迴轉運動，產生一秒運針一次動作的步進（間歇型）馬達。電流流經馬達的時間爲千分之二十五秒，剩餘的千分之九百七十五秒因爲永久磁鐵的作用，秒針維持停頓不動的狀態。這樣的結構不僅耐衝擊，同時也能大幅減低耗電。轉子採用鉑鈷材質，直徑二點八毫米、厚零點五毫米，線圈是以零點零二毫米的極細圈捲繞約二萬次而成。這樣製造出的馬達耗電儘管只有七點五毫瓦（milliwatt），卻是個具備了耐震性一百G以上的超小型馬達。

不過，這時候又出現了另一個難題。馬達在電流頻繁流入、停止的反覆動作中，偶爾會因此出現轉向逆轉的現象，這對鐘錶而言是致命性的問題。鐘錶的驅動部分即使能維持一天只發生零點一秒誤差的時間精度，但若馬達發生逆轉，一次逆轉就會產生十天份的誤差量，於是如何開發一個「不會逆轉的馬達」成了研發上的課題。

在解決課題上所設計出的機構爲，讓馬達核心的迴轉轉子與包覆轉子的定子（stator）其內壁間的間距不一致，有大有小。也就是說，轉子轉動時與前方內壁的間距狹窄，與後方的間距較寬，這就能使磁鐵對不同位置產生不同效力的效果。如此一來完美地防止轉子的逆轉，讓轉子只會朝前進方向單向轉動。

第二個問題是容納馬達的空間。機芯原來的厚度就只有五點三毫米，再加上防水規格的外殼厚度有十一毫米（今日一般的防水規格錶殼的厚度爲七～八毫米，機芯的厚度在三毫米左右），其他零件的微細化、薄型化也到達極限。若再加上馬達的三毫米厚度，要製成手錶根本是天方夜譚。不過，開發團隊在激烈的辯論過程中，浮現了一個將馬達零件拆散配置的想法。

錶殼內能夠擠出的空間只有「讓組裝好的齒輪彼此不相互摩擦的微小間隙」。齒輪本身的大小厚度只有零點一毫米、直徑三點五毫米。要在避免這些齒輪彼此碰撞的空間中找到足以配置定子、轉子、線圈的位置，光在空間搜尋上就困難至極。這個過程中，除了利用電腦以微米（μm，千分之一毫米）為單位找出可用空間外，也致力於降低齒輪本身的厚度，將製造上的誤差竭力減到最低，爭取容納「散裝馬達」的空間。

走到這一步「開放式步進馬達（Open type step motor）」終於完成，而且這項技術也成了精工錶的重要專利技術。後來其他公司也陸續開發出採用各種形式轉換機構的石英錶，但由於只有步進馬達能長期維持穩定的性能，所以「開放式步進馬達」在全球的鐘錶業中也成為知名的辭彙。

專利策略推動了普及

一九六九年的耶誕節當天，精工錶在東京與紐約同步發表了保證精度月差五秒以內的石英腕錶「Seiko Quarts Astron 35SQ」。這隻以十八K金打造的石英腕錶售價高達四十五萬日圓。當時，老百姓夢想的國民車Toyota Corolla的售價才四十四萬日圓。機芯尺寸的外徑爲三十毫米、厚度五點三毫米（電池部分六點一毫米），包含錶殼、防水墊片、玻璃在內的整隻腕錶厚度約一公分。

日本的日報大篇幅地報導，並下標「石英錶起飛」，結論裡還描述「數年後，或許石英錶將扭轉大衆對腕錶的普遍認知」。這項「鐘錶革命」成了全球的新聞，連紐約時報都加以報導。

更驚人的是，這項利用嶄新技術打造的商品在全球暢銷了約十年時間。這波風潮因對消費者的觀念建立、對零售鐘錶行積極提供技術指導而掀起。精工錶動員了公關宣傳力量，致力推廣這項革命性的產品，同時也在世界各地展開了鐘錶銷售店的教育訓練。該公司組成了由技術人員與銷售人員構成的團隊，在世界各地零售商公會的協助下，於全球主要都市舉辦了以鐘錶行爲對象的技術講習會，並且在世界主要地區開辦了基礎技術與修理技術教育的技能講座。這對一直專注於機械式技術的鐘錶行經營者來說，是學習電子鐘錶技術絕無僅有的好機會。

此外，精工錶在專利方面也採取開放的專利策略。開發出音叉鐘錶的寶路華（ＢＵＬＯＶＡ）公司爲了完全獨享開發所得利益，反而促使了次世代鐘錶的加速開發，讓音叉鐘錶未能創造出一個新時代就宣告落幕。他山之石可以攻錯，學到這項教訓的精工錶爲了促進石英時代早日到來，採取增加更多同一戰線伙伴的做法，以擴大陣營的策略，透過有償方式將關於步進馬達的最主要專利開放給世界各國的鐘錶製造商使用。

無法藉助其他產業力量達成的精密程度

在研究石英鐘錶的開發歷史時，可以看到其他產業與鐘錶產業對精密度認知存在很大的落差，這個落差也成爲瓶頸，很多案例顯示鐘錶業界無法獲得其他產業的支援。

例如水晶振盪器原本已經應用在通訊器材上，但是鐘錶要求的尺寸是原本的幾十分之一，而且必須能以少量電力驅動。鐘錶對ＩＣ的低耗電要求也是一般泛用ＩＣ所無法提供的功能，所以精工舍公司無法仰賴ＩＣ業者協助開發、供貨，被迫自行著手開發。在鈕扣電池方面，手錶需要的超薄型電池無法應用在其他領域，而且不容許電池出現電壓變化，對品質的要求極爲嚴格。

既然無法仰賴其他產業，自行開發技術這件事也加速了石英鐘錶的進化。最具代表性的機芯厚度部分，若直接採購其他公司的泛用零件組裝，則無法製造出輕薄精巧的機芯。憑著自己的努力，精工舍開發出了厚度低於一毫米（扣除電池部分）的機芯。

後來水晶振盪器的製造方法創新、零件的機組化等，爲石英鐘錶帶來了各方面的改良，不僅讓機械鐘錶實現了一百倍的高精度，同時售價比機械鐘錶便宜，而且使用上更方便，這些也都爲提升人氣推波助瀾，讓石英鐘錶發售不到十年時間就創造出石英的時代。

節能效果達到不同層次的系統

後續也透過各個部位的零件改良了石英鐘錶的節能效果。其中最創新的是「補正驅動脈衝」，它可以最小耗電驅動步進馬達的控制線路。

最早的步進馬達一秒鐘轉動一次，並保持在最大供電狀態下進行迴轉。但是馬達實際的耗電狀況會因齒輪咬合的狀態，周圍是否存在加工毛邊、細屑，以及日曆的作動階段等而改變，所以有很大機率存在不必要的耗電。

對此，研發人員開發出「補正驅動脈衝」，將馬達的供電設定成八〜三十二段（標準型設定為十六段），將電流控制在只提供最低限度所需的電力，當指針不轉動時，線路即階段性地加大電流。託這項設計之賜，耗電減少為一半。

進一步具體說明。這項設計讓耗電降至原來的三十分之一，從過去的十八微安培的電流（耗電為二十七微瓦）降低到零點六微安培（耗電零點九微瓦）。但是這裡說零點六微安培，讀者想必很難感受這當中有什麼差別。其實，一般的電流計上測不到這麼微弱的電流的。

若將這個耗電量換算成更易懂的數值來看的話，還可以換個說法解釋爲「煎熟一顆荷包蛋的耗能，可讓兩百隻石英錶整整走三年」「就算全日本的國民（一億兩千五百萬人）都佩戴石英錶，所需的耗電也只約等於一個一百瓦燈泡的耗電」。

讀者或許要擔心，供電量分成三十二段的話，手錶在一段一段尋找最佳供電的測試過程當中，是否會導致指針來不及跳動而慢分？指針運行的時間爲兩百分之一秒，即使機器試了三十二次找出最佳供電量也不會造成問題。這項技術事實上是由日本兩家公司進行專利交叉授權才得以實現，所以在電池壽命這一點上，日本比其他國家的石英鐘更具優勢。

日本製造的機種中，有些機種具備「電力耗盡預報功能」，能通知電池壽命將告終。它是透過監測電池電壓變化所實現的功能。例如備有秒針的類比石英鐘錶，當電壓降低，秒針的狀態會從一秒運針一次切換成兩秒運針一次。如爲數位鐘錶則所有的顯示數字會發光，通知電池剩餘壽命剩約一週。有了這項功能就能避免鐘錶突然停擺的狀況，更了不起的是，這項警告功能在不影響時間精度之下即可達成通知的效果。不過目前還沒有技術可供不具備秒針的二指針式類比石英鐘錶使用，無法發出電池壽命將屆的警告。

高精度石英的開發

鐘錶在完全從機械式轉換進入石英式的時代後，鐘錶業界的開發團隊又把目標擺在「推出更高精度的石英錶」上。一般石英鐘錶的精度為月差十秒到十五秒以內。研發團隊認為，若能推出提高月差精度十倍的石英錶，就更能讓使用者感受到石英鐘錶精度的威力，消費者對於精度的要求將提升至不同境界，也會產生更大的石英鐘錶需求。

日本最早製造的「高精度石英錶」是以年差計算精度，第一隻是誕生於一九七六年的「Citizen Crystron Mega」。這款手錶採用四點二兆赫的「厚度滑動型」水晶振盪器，實現了年差三秒鐘以內的高精度。星辰錶採用了AT-Cut的「厚度滑動型」而非音叉型。「厚度滑動型」的振動數穩定，同時將振盪器的尺寸降低到長度六毫米、厚度零點四毫米以下，大幅降低了耗電。此外，分頻迴路採用CMOS-LSI以節約高頻在分頻時的耗電。

精工錶也針對溫度變化所造成的振盪器誤差作進一步改善。一般石英錶多採用三萬二千七百六十八赫茲的水晶振盪器。這種水晶振盪器為流通最廣的泛用品，而且將振動分頻的迴路比較精簡，性價比表現良好。

另一方面，三萬二千七百六十八赫茲音叉型振盪器的缺點是易受溫度變化影響，其溫度依存性在二十度附近呈現上凸的二次曲線。換句話說，以二十度前後為界，不論鐘錶的溫度大於或小於二十度，精度都會降低，時鐘、手錶會慢分。

手錶長時間戴在手腕上，這期間體溫會傳遞到手錶上，所以不論周圍的溫度是高溫還是低溫，某種程度上手錶都能保持在一定的溫度範圍內。不過，大多數人在休息或睡覺時習慣將手錶拿下，再加上日本一年四季為人所知的氣溫變化劇烈。

解決問題的對策是，將不同溫度特性的兩隻振盪器組合在一起。一九七八年十一月發售的第二精工舍（今日的Seiko Instruments公司）製的九二系列石英錶，就組合了設定為低溫用和高溫用的兩隻振盪器。利用產生接近實際溫度之水晶振盪器的振動數，讓這隻手錶實現了年差十秒以內的高精度。

此外，諏訪精工社在八月上市的九九系列石英錶，其所使用的振盪器就有一個被用來作為溫度感測器使用，利用演算法計算所測量到的手錶溫度與理論值必要振動數之間的差異，然後加以補正，這樣也達到了年差五秒以內的效果。

只不過出乎鐘錶製造業的想像，高精度石英錶的銷售狀況不如預期。其實大多數人對一般鐘錶的時間精度已心滿意足，追求高精度石英錶的消費者寥寥無幾。這對鐘錶製造業來說是很大的震撼，畢竟在過去的鐘錶歷史上，只要開發出高精度的商品就能賣得更好更多。於是，鐘錶業界也開始明白消費者的偏好，除精度外還有其他項目。

跳躍出鮮紅時刻顯示的LED效果

石英鐘錶的高精度可說是「幾百年才發生一次的革命」，一直面臨新時代需求挑戰的鐘錶業界，在一九七〇年代又面臨「顯示方式又一革命」的需求。這項需求的結果就是數位手錶。

最早出現的數位錶，是使用了美國太空研究中開發出的副產物——發光二極體（LED=Light Emitting Diode）的電子數位手錶。這款手錶只要按下按鈕，黑色的錶面就會浮現紅色數字顯示時間，數字也會隨著時間跳動。對當時的人來說，鐘錶給人的印象是「一個圓形的面上，指針默默地指示著時間」。因此數字分秒變動的顯示方式不僅新鮮而且充滿動感，讓人彷彿來到〇〇七電影般「酷帥」的世界。

正如其名，ＬＥＤ是「發光二極體」的意思，使用的是半導體材料二極體（結構有兩個電極的元件）當中，能發出可視光線元件的顯示器。

世界上第一個使用ＬＥＤ顯示器的手錶是由鐘錶公司漢米爾頓（Hamilton）在一九七〇年五月六日發表、一九七一年以「Pulsar」的品牌限定發售的產品，不過其背後實際開發與製造的業者是美國的Electro Data公司以及電機廠的ＲＣＡ公司。「Pulsar」的控制使用了四十個以上的ＩＣ，需使用三個一點五伏特電池作爲電源，電池可使用六個月。這隻手錶的重量超過一百公克，售價（十八Ｋ金）一五〇〇美元（以當時的匯率計算約爲五十四萬日圓）。

不久後，Fairchild公司、休斯飛機公司（Hughes Aircraft）、德州儀器（Texas Instruments）公司等也都陸續加入製造ＬＥＤ手錶。最巔峰時期，光是美國就有高達約兩百家公司經常地推出新產品，但是這些公司大多與鐘錶業無絲毫關係。由於數位錶的模組（機芯）裡沒有可動部分，無需精密機械的加工技術即可組裝泛用零件，製造出手錶的形式。

神奇的物質「液晶」

緊追在LED後出現的是使用液晶顯示器（LCD=Liquid Crystal Display）的數位錶。

液晶是一八八八年由澳洲的植物學家弗里德里希．萊尼澤（Friedrich Reinitzer）發現，它是一種介於液體與固體之間的中間物質。萊尼澤在研究膽固醇的功能時，發現了這個擁有兩個融點的罕見液體，他委託德國的物理學家奧托．雷曼（Otto Lehmann，後來將此液體命名為「液晶」的人）進行分析。在萊尼澤寫信給雷曼的信中，充滿了對此神奇物質興奮情緒的描述：

「這個物質有兩個融點。它在攝氏一四五點五度時會開始融解呈現白濁狀，完全融解後的此液體到了攝氏一七八點五度時會突然變得完全透明。這個物質在冷卻後會出現帶有紫色與藍色色彩的現象，但現象立即消失。繼續將之冷卻後，紫色與藍色再度顯現，在那之後這個物質會凝固成爲結晶塊」。

兩個融點中的第一個融解點稱作融點，等到變成完全透明的溫度點稱作澄清點（clearing point）。從融點到澄清點之間會有各種色彩現象顯現，這是因爲分子配列具有規則性造成，澄清點以後分子的配列變得不規則，因此變得透明。此液體從融點到澄清點之間，雖然呈現具有流動性的相，但分子配列卻像結晶一般具有規則性。這種非固體、非液體，甚至非氣體的第四相物質就是液晶相。

這個奇妙的物質後續在德國引發了研究熱潮，但是在其他國家卻未受到關注。一直到美國在一九六〇年代末期開始積極研究，並且有研究發表或打樣品發表後，全球的技術人員才開始關注液晶。

順帶說明一下，第二次世界大戰後，美國積極投資尖端科技的研發，意圖引領世界走進「巨大科學時代」。美國民間企業的實驗室也獲得政府龐大的補助金，因此得以專注於未來技術的研發工作，這些成果也成就了液晶顯示器、半導體的相關研究。

充滿震撼的LCD問世了

美國無線電公司（RCA）戴衛特薩福實驗室的威廉斯，他利用對液晶施加直流電壓以控制液晶分子的做法，發明了可控制光線穿透率的液晶顯示器，並在一九六二年申請了專利。

在此同時，該公司的喬治．哈利．海爾邁耶（George Heilmeier）在一九六四年發現，在向列型液晶（Nematic）中摻混多色性色素然後施加直流電壓後，液晶會從紅色轉爲無色，這個現象被命名爲「主客模式（Guest host mode）」。除此之外，海爾邁耶也發現對向列型液晶施加直流電壓時，液晶會出現白濁的DSM（Dynamic Scattering Mode＝動態散射模式）現象。

一九六八年RCA公司發表了利用這些研究成果製作的液晶時鐘原型。紐約時報報導了這個新聞，日本的媒體也轉載，從此許多研究人員得知可顯示自由數字之顯示器的存在。

除了製造出這個鐘錶的原型外，諏訪精工舍同時也判斷液晶的分子構造單純，應該具有很高的潛力，於是立即著手研究。第二精工舍在一九六八年十二月起開始與東北大學一起進行共同研究。

除此之外，一九六九年日本的NHK電視台播放了「世界企業RCA篇」後，影片中液晶顯示器原型的影像讓日本的技術人員看得目不轉睛，其中最吸睛的點是「不會發光的顯示器」。因為「不發光」這一點具有護目效果，能避免造成眼睛疲勞。

RCA的原型機為世界各國的研發人員帶來刺激，許多公司使用瑞士製藥業者羅氏大藥廠等所銷售的昂貴液晶，展開了研發工作。

LED與LCD的競爭

LED與LCD數位錶的基本原理大多與數位式手錶的原理相同。動能採用電池，時間的訊號源是取自水晶振盪器振動（頻率）的電流訊號，經IC（積體電路）分頻，但是顯示元件為開關方式，不需以馬達轉換成迴轉運動。不過，構成數字與圖形的要素

（Segment）採用的是閃爍（一個數字七處）的元件以及控制該元件的計算功能，所以無法使用ＩＣ，必須使用演算能力更強大的ＬＳＩ（大規模積體電路）。

早期的液晶因爲對比不夠鮮明，相對地ＬＥＤ的顯示效果清晰明亮，所以當時ＬＥＤ數位錶占有絕對優勢。尤其在一九七〇年代前半，在類比石英鐘錶普及速度較慢的美國，數位錶的高精度也贏得了大衆的關注，不過一般民衆對於正確性的認知錯誤，他們以爲「數位比較正確」，不明白其實「石英鐘才比較正確」。當時市場七成的數位錶價位在六十～一百美元之間，銷路排名第二的價位在一百～一百四十美元之間，在價格面上恰好可成爲送禮商品。一九七五年的耶誕節前夕，漢米爾頓（Hamilton）公司推出了具備計算機功能的「Pulsar time computer」數位錶。儘管這隻手錶只能做四則運算，但是在試水溫階段，手錶內藏電腦的宣傳已經引發討論。第一批十八Ｋ金的一百隻「Pulsar time computer」，儘管價位高達三千九百五十美元，但是在上市當天即銷售一空。

另一方面，早期的ＬＣＤ雖然無法與ＬＥＤ競爭，但是液晶技術開發迅速，在短短的幾個月後ＬＣＤ的畫面效果已經獲得大幅改善（更爲鮮明）。

ＲＣＡ開發的ＬＣＤ形式爲ＤＳＭ（動態散射模式）。液晶在接受到電壓時，電子會如大砲射出般地彈出，撞擊液晶的分子，讓分子的結構崩解將光漫反射（Diffuse reflection），形成白濁的部分（區段），搭配組合這些區段即可用來顯示數字。ＤＳＭ的缺點是，由於此結構必須有源源不絕的電流流入白濁區段，因此較爲耗電。

這時候美國俄亥俄州的肯特大學（Kent University）成立了液晶研究所，擔任副所長的佛格森（Ferguson）教授開發出異於ＤＳＭ的扭向轉列（TN=Twisted Nematic）液晶，實現了耗電低、顯示鮮明的ＬＣＤ。

ＴＮ液晶是將液晶以上下九十度扭向的方式配置（**圖4－7**）。在尚未通電（電場爲零）時，因爲液晶的關係光線會改變偏光方向，通過底面的偏光板，因此光線會被反射板反射回來。但是外加電壓後，扭向轉列部分的液晶分子會豎立起來，光線直接穿過，無法通過偏光板而變暗（變黑）。這樣的對比差可顯示數字或圖形，只需外加電壓給要使其變暗的部分即可，所以只需極低的耗電便可達成任務。尤其採用ＴＮ型液晶的ＦＥＭ（Field Effect Mode＝場效電晶體）更是大幅改善了對比的效果。

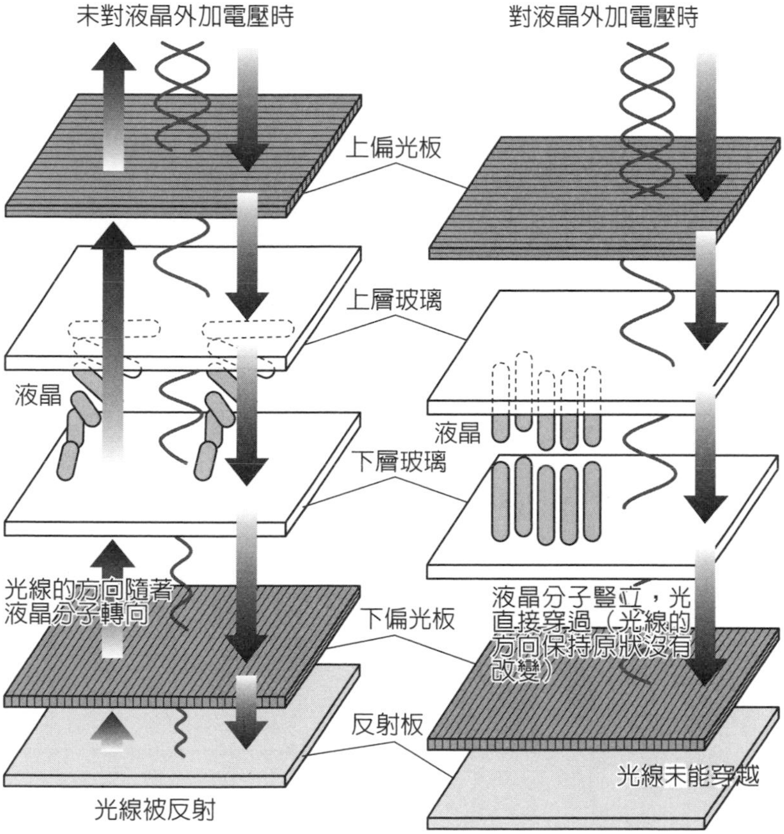

圖4-7　TN液晶的原理〔根據《石英鐘錶》（Toren出版）的圖製作〕

圖4-8　SEIKO的FEM液晶數位錶（照片提供：The Seiko Museum Ginza）

液晶顯示板（面板）是將液晶封入兩片有透明電極的玻璃板之間，外面再加上偏光板包夾。在開發階段中，研究人員廢寢忘食地研究如何製造出對比大、視角廣的液晶顯示器。但是到了製造階段，又面臨各式各樣的課題，例如如何將液晶均勻地封入薄薄一毫米的間隙間、如何進行這種顯示體的量產、如何避免撞擊導致液晶外漏、液晶顯示體的壽命可以維持多久等，課題堆積如山，研發人員必須在上市迫在眉睫的時間限制下解決各項問題。

一九七二年美國的Microma公司與Sandoz公司推出了DSM液晶的數位錶，一九七三年精工推出了FEM液晶數位錶（**圖4-8**，鈦合金機殼，售價十三萬五千日圓），數位手錶一舉邁入了商品化的時代。

看到了ＬＥＤ的缺點

搶先上市的ＬＥＤ後來也開始顯現缺點。ＬＥＤ雖然會發出明亮的紅光或綠光方便檢視時間，但是必須先按按鍵才能顯示時刻，而且遠比液晶的耗電量大（ＬＣＤ的一千倍），所以使用幾個月電池就沒電了。而且ＬＥＤ在發光的同時也會發熱，若亮燈次數太頻繁顯示器可能過熱，導致故障發生。剛開始ＬＥＤ物以稀爲貴，擁有者常常會向身邊的人炫耀，但炫耀的同時不幸地也宣傳了ＬＥＤ的缺點。

另一方面，液晶數位錶在製造廠競相開發下價格大幅下滑，也爲液晶普及期的到來帶來助力。初上市時，液晶數位錶的售價超過十萬日圓，但在短短幾年內價格跌破到一萬日圓以下，也成爲追求流行的消費者必備之物。一九七九年在日本的石英錶產量中，數位手錶的數量超越了類比式手錶。

這情形與當時社會的數位化風潮也有很大的關係。在資訊化的發展過程中，數位在快速處理大量資訊的表現上優於類比。除了社會風潮外，只要瞄一眼就能瞬間讀取時刻這種數位的優點也引發了新潮的評價。另外，機芯軸承使用栓子取代原本紅寶石等貴重礦石的進展，雖然推動國外市場對售價低廉的槓桿擒縱機構（pin-level watch）手錶（拋棄式手錶）需求大量成長，不過螳螂捕蟬黃雀在後，數位手錶以其廉價的價格爲武器搶奪這塊市場，銷售急速擴大。

但飛躍成長的數位錶市場到了一九八〇年一度下滑。消費者對於急速普及的這項流行商品感到厭倦，價格快速下跌，市場上的數位錶商品以三千日圓～五千日圓爲主流，外觀顯得廉價讓數位錶失去了大家的喜愛。如不調整商品方向，數位錶的命運可能就從此走向終點，就在這時候，出現了多功能化的轉變。

多功能數位的開發競爭

數位錶的多功能化趨勢，首先從計時碼錶（計時器）開始。原本顯示時刻的數位錶，只要按一下按鈕畫面就會切換成幾個〇並列的計時器畫面，計時結束後，又會回復到時刻模式，即使這個過程中時間顯示功能有一段空白，不過不妨礙時間的正確顯示，這樣的功能讓人驚訝。

第二種開發出的功能是鬧鈴功能。機械錶先天存在誤差的問題，但是電子錶的時間分毫不差。傳統的類比式鐘錶若要新增功能，機械構造必須變得複雜，零件數量增多也連帶提高製造成本。但是數位錶只要在LSI的設計階段加入功能，在一模一樣的製程下就可製造出功能更多的手錶。

緊接在鬧鈴、碼錶之後，各公司競相開發出各式各樣的功能。不僅有萬年曆、世界時鐘、月曆、定時器等附加功能，遊戲功能、計算機、收音機、錄音功能、打火機、無線電、電視的頻道遙控器、呼叫器等，可以說一些與鐘錶無關的功能，可以想得到的創意都被融入製成商品。

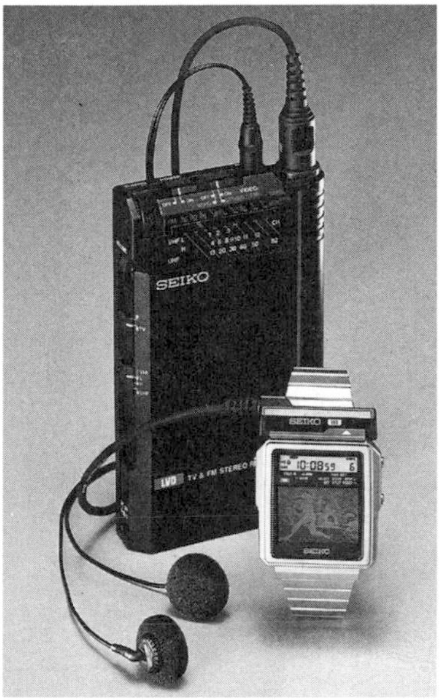

圖4-9　電視錶（照片提供：The Seiko Museum Ginza）

一個經典的例子是一九八二年上市的電視錶（**圖4-9**）。這隻手錶的液晶螢幕上有一個一點二吋的空間可以顯示電視畫面，聲音透過選台器連接耳機播放。這隻電視錶也是全世界第一個液晶電視，雖然一隻錶要價十萬日圓，但卻爆炸性地暢銷。不過要從頭到尾盯著手腕看完一場棒球賽的轉播實在非常辛苦。

眞正爲數位錶開發出新潛力的是記憶功能。當數位用的ＬＳＩ價格下降，手錶便加大ＬＳＩ的容量，用於記憶用途上。儘管運動過程中無法拿筆記錄，但是手錶有了多一點的記憶空間，就能直接將碼錶測量的時間儲存在手錶中。而個人專用的手錶也很適合用來記錄電話號碼、密碼，這些功能都得到了好評。在跑步用的手錶中，也出現了只要事先將途中的目標時間輸入，跑步時就能確認過程中的時間，也能將碼錶的實際紀錄（一定距離的所需時間）儲存起來。遊艇專用的數位錶中甚至加入了遊艇競賽的時間規則。

另外，讓鬧鈴與事件日程連動的做法也使手錶具備了電子行事曆的功能。手錶除了能儲存電話號碼外，也出現了單鍵操作即可自動撥號的功能。數位技術爲鐘錶帶來更多更廣的功能。

感測器機能的導入

電子化帶來了新技術還帶來了感測器的新功能。利用電池電源的電流，手錶也可測量氣溫、水溫、氣壓、水深、心跳、血壓、方位等各式各樣的數據。

例如潛水錶，其使用目的從「一隻可承受深海水壓的手錶」進化到「潛水的伙伴，一個協助潛水的工具」。潛水錶不僅能顯示時間，還能利用感測器自動測量水深並儲存數據，記錄每一次潛水的詳細紀錄（潛水深度、時間等）。而且，還能顯示適當的浮升速度以防止潛水夫病發生，以及身體至少需要休息多久才能再度從事潛水活動或者從事氣壓會下降的活動，例如搭飛機。

而且，在山岳運動方面，只要佩戴附有氣壓感測器的手錶，也能防止原本打算下山卻不小心往上爬的錯誤發生。跑步者專用的手錶可以測量心跳，因此可透過科學數據確認熱身是否足夠，運動強度是否適當，體力是否增進了，有助於提升健身的效率。

初期的數位手錶從單純顯示時刻的數位程度，到了第二階段又新增了數位資訊處理所帶來的魅力功能。

電源的多樣化

石英鐘出現後，鐘錶成了可靠的工具，唯一的弱點就是電源。儘管機械鐘精度較差，但是除非故障否則不會發生突然停擺的情形。相對地，電子錶若遇上沒電就英雄無用武之地了。

電子錶的製造業者也不斷努力降低這項弱點的影響。「減低耗電」是持續努力的方向之一。最早每年需更換電池一次的頻率，後來演變成男用錶三年、女用錶兩年。另外，業者開發出可由手錶主人自行更換電池的手錶結構，或者電池可使用五年的長壽數位錶商品。不過這類手錶的厚度較一般厚二～三毫米，這一點消費者很難接受。對手錶的佩戴者來說，方便與佩戴的感受，兩者之間需達成巧妙的平衡才行。

在這個階段，技術人員將心力擺在「不會沒電」的石英錶開發上。首先，若能降低耗能，即可一步擴大替代能源的選項。除了現有的能源外，過去未曾發現的作用或現象，很可能提供能量給鐘錶。例如可利用室內日光燈等交流電所外漏的磁漏（magnetic leakage）發電，或者在電線周圍纏繞磁性線圈收集磁氣發電，將氣壓微小的變動轉換成能源使用，這些或許都是可行的方法。事實上，已經存在以氣壓的壓差作爲動能驅動計時的時鐘了。

研究人員的主題十分多元，主要有：①降低耗電與延長電池壽命、②利用「外部發電」方式供應電力、③內部發電等。只要滿足供電大於鐘錶耗電的條件，任何方式都可行。因此，選擇開發出高效的供電方法，或者聚焦在降低耗電上，有很多做法可供選擇。

免保養太陽能電池

在外部發電的方法中，星辰錶對結構單純的「太陽能電池（Solar Battery）」的研發格外努力。不過若要實際應用，還需解決堆積如山的課題，例如如何提升能源轉換的效率、製造成本的降低以及消除設計方面的限制等。

世界各國都出現了將太陽能電池應用於數位手錶的案例，例如一九七四年二月星辰錶公司發表了類比錶的打樣品，一九七六年全球第一隻有太陽能電池的類比腕錶「Citizen Crys-

圖4-10　全球第一隻有太陽能電池的類比腕錶（照片提供：星辰錶公司）

tron Solar Cell」（**圖4－10**）上市。

這隻手錶的原理，是利用配置在錶面上的太陽能電池將照射在手錶的太陽能轉換成電能，透過控制線路對蓄電池進行充電，再由蓄電池穩定供電給驅動迴路。控制線路的功能包括防止無光線照射時電流出現逆流，以及防止在遭遇強烈光線照射產生大電流，損壞了蓄電池的情形發生。

這裡也介紹一下Citizen Crystron Solar Cell用的太陽能電池。這個太陽能電池每一片的電動勢爲零點五伏特，將八片電池直列串連起來使用。大約只需暴露在陽光下十分鐘，即可儲存驅動手錶一日所需的電力。但是蓄電池的壽命大約五年，更換的費用比一般的氧化銀電池還貴。

此外，對手錶來說，太陽能電池的厚度與電池的顏色也是一個瓶頸。對最受歡迎的白色基調手錶而言，太陽能電池受限於材料，導致錶面帶有矽特有的紫色。不過，若爲解決這個問題而在電池上面覆蓋其他色彩時，該手錶的轉換效率會下滑。

一九八三年起太陽能電池錶的銷售起飛。當時開發出輕薄、可加工成任何形狀的非晶質（amorphous）太陽能電池，取代了加工成薄板狀的矽晶太陽能電池，簡化了電極的安裝，提供了低廉的太陽能電池。這爲輕薄太陽能數位錶掀起了一陣風潮。

緊接著出現的技術革新是鋰離子電池的開發，這種電池雖然仍爲化學電池，但是品質優良，能長期維持良好的性能，電池壽命驚人地大幅延長。鋰離子不僅啓用十年的老化程度低於百分之十，可承受充電、放電的可逆反應五百次以上（計算起來可使用二百五十年）。這麼一來，市場上就出現了「完全充電一次可連續驅動六個月的手錶」，瞬時提高了消費者的安心感。

除此之外，由於能源轉換率提高到百分之二十，因此太陽能板上的錶面若採用多孔質陶瓷的話，即可遮蔽部分穿透的光線，淡化太陽能電池特有的色澤，讓錶面可以採用白色系的色彩。

星辰錶在二〇〇〇年十月又推出了使用透明太陽能電池的「Eco-Drive Vitro」。它的原理是將太陽能電池的線路細微化，細微到肉眼無法辨識非晶質太陽能電池的程度。進一步說

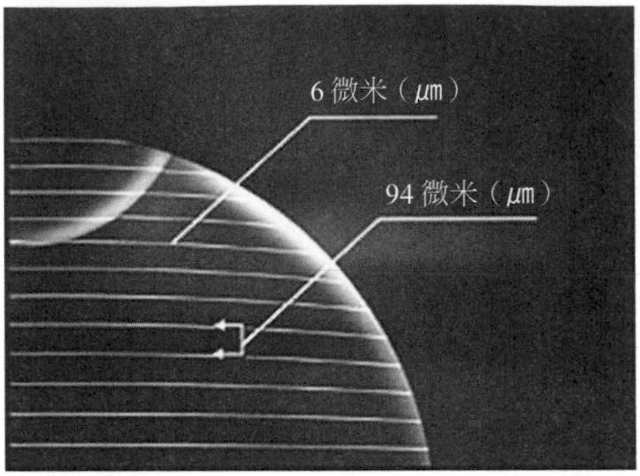

圖4-11　太陽能電池是由細微的線路構成，因此肉眼無法辨識（照片提供：星辰錶公司）

明，這種電池是在玻璃基板上以線狀依序噴上氧化銦錫（ＩＴＯ）薄膜、非晶矽、ＩＴＯ構成電池，以低於一百微米（μm）的間隔噴上人類肉眼難以辨識的十微米以下細線，構成電路圖（**圖4－11**）。

開發出透明的太陽能電池後，錶面色彩的限制大部分都已消除，但是由於使用的是立體線路，因此產生了一些副作用，例如光線非單向，會反射到錶面去，來自電池側邊的光也能被轉換成能源等。

利用人體體溫發電的手錶

手錶戴在手上的時間很長，於是有人設計出利用佩戴在手腕上時的體溫來發電驅動石英錶的方法。原本人體在無意識之間就會持續發熱，散發熱能，只要能將之百分之百轉換成電能，據說可以點亮六十瓦的燈泡。人體熱能可說是對佩戴在手腕上的腕錶最佳的能量來源，只不過構造太過複雜，尚未有人體熱能發電的手錶商品出現。

一九九八年十二月上市的熱發電手錶「SEIKO THERMIC」（**圖4－12**），是應用了兩種金屬只要發生溫度差就會產生電位差的原理「賽貝克效應（Seebeck Effet，熱電效應）」設計。賽貝克效應是德國物理學家T．J．賽貝克（Seebeck）所發現的效應，是將二種不同金屬連接形成封閉迴路，讓接合點存在不同的溫度，就會出現電位差，在線路內發生電流。

圖4-12　將體溫轉換為能源的熱發電錶（照片提供：The Seiko Museum Ginza）

在這隻「SEIKO THERMIC」上有兩個面，一個是因爲體溫而溫度較高的錶背，一個是接觸空氣的手錶表面，即使在常溫下，這兩個面也有十度左右的溫差，發電利用的就是這個溫差。手臂的體溫透過錶背面的蓋子導入手錶內部，經由熱傳導板傳遞到發電模

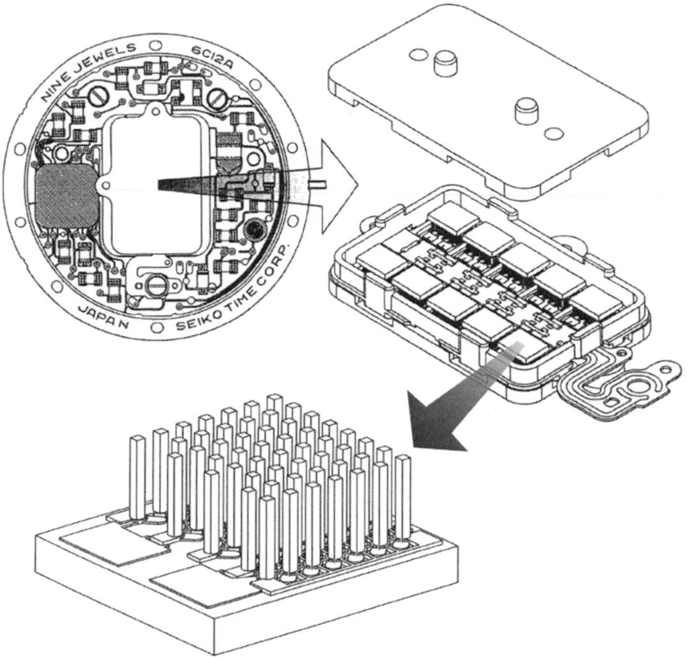

圖4-13「SEIKO THERMIC」的發電元件構造圖

組。若周圍空氣的溫度低於二十六度，就能發電產生所需耗電三倍的電力，多餘的電就被儲存在蓄電池中。

「SEIKO THERMIC」的元件採用了在常溫附近熱發電效果較大（攝氏一度約零點二毫伏）的Bi-Te類（碲化鉍（Bismuth telluride））合金。在矽基板的高溫側與低溫側之間，配置了一模組有一百零四隻（五十二對）的組八十微米、長度六百微米的超細微元件，由十組這樣的模組構成一個組件，共計一千零四十隻元件直列配列在一起（圖4－13）。在這樣的構造下，每當兩端發生一度的溫差時，即可獲得約零點二伏特的電力。

自動上鍊發電的挑戰

石英錶普及之後，諏訪精工舍的技術人員間所提出的「自動上鍊發電」想法幾度被列爲開發主題，但是「發電量」與「耗電」之間的落差過大，開發工作也不斷遭遇挫折。其實一九八〇年代初期，諏訪精工舍開發專案所製作的打樣品可發電的電流爲一百微安培（μA，萬分之一安培），所得電量不到實用化所需電量的百分之一。

但是在一九八〇年代中期由於「補正驅動脈衝」的導入，讓手錶的耗電降低到過去的三十分之一，這也讓錶內發電的可能性重新浮現。

自動上鍊發電的原理如下。首先，因爲佩戴著手錶的手腕動作轉動了迴轉錘→齒輪組，這讓迴轉放大約一百倍，帶動釤鈷磁鐵（Samarium-cobalt magnet）製的發電轉子轉動→因爲電磁感應（Electromagnetic induction）作用在發電用線圈上出現交流電壓，電流流動發

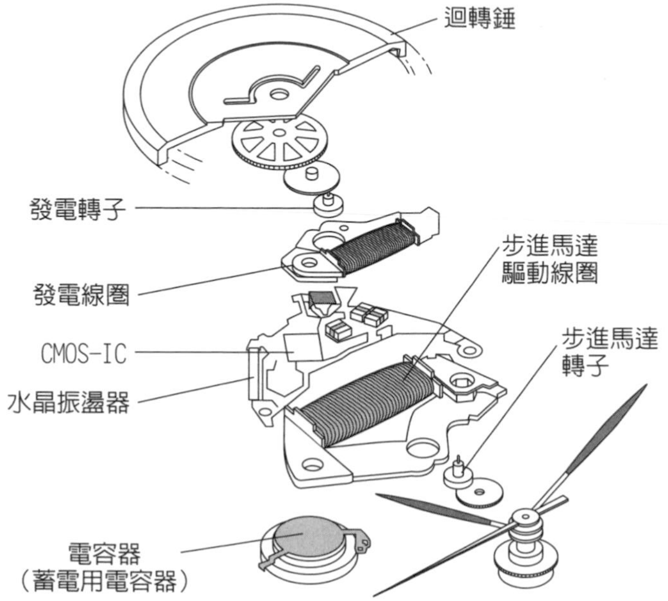

圖4-14　自動上鍊發電（動能）的原理（根據The Seiko Museum Ginza提供的圖製作）

電。發電產生的電流經過控制迴路中的二極體（Diode）整流，蓄電到大容量電容器（Capacitor）中。蓄電的電流成爲穩定供電的電能，用來驅動手錶走動（**圖4－14**）。

研發團隊原以爲要增加發電量只需加速迴轉錘的旋轉即可，但事實上，若加快迴轉錘的速度，發電機產生的磁氣會引發電流，產生煞車的功能，這時候才得知極小的發電機不能採用一般的發電理論。

同時，還存在一些小尺寸零件常見的難題。例如傳遞迴轉錘轉動的齒輪組是由細如毛髮的迴轉軸支撐，在某些角度的撞擊下可能折斷。技術人員們使用電腦模擬，不斷地從錯誤中尋找答案，於是一個如半個百圓日幣銅板（約新台幣十元銅板）大小、全球最小的發電機因這隻手錶而誕生。

一九八四年，儘管自動上鍊發電錶的基本原理已經完整，但是在成本方面還是無法確立量產可行的日程，於是在一九八六年的歐洲鐘錶展中，僅以參考樣本的形式參展，同時在歐洲的鐘錶業聯合會的學會上發表發明理論，這掀起了廣大的回響，對於日照較少的地區這將是一款很適用的手錶。於是諏訪精工舍決定推動商品上市，在製造上建立生產的體制。一九八八年，名爲「AGS（＝Automatic Generating System）」（後來改名爲「KINETIK」）的自動上鍊發電手錶誕生。

瑞士的SMH公司也發表了該公司開發的自動上鍊發電方式，其原理是利用迴轉錘帶動迴轉運動，然後透過齒輪組轉動極爲微小的彈簧。當彈簧的反彈力到達臨界點大於發電機的磁力時，發電機即會開始轉動，將極微小彈簧反轉。這一連串的動作發生在五十毫秒之間反覆進行，發電機的轉速一分鐘高達一萬五千次。

以發條帶動的石英鐘錶

鐘錶技術在經歷了先人智慧與苦心完成的機械鐘錶時代後進入電子鐘錶的時代。不過「以發條帶動石英錶」的精工彈簧驅動錶（SEIKO Spring Drive）結合了機械錶與電子錶雙方的優點，成爲最頂極的腕錶。

這款手錶的原理與機械錶相同，利用發條的動力驅動加上電子錶的控制技術，造就了石英錶的時間精度。也就是說這款錶不必擔心電池電力耗盡的問題，同時具備了石英錶的精確度。

機械錶的原理是將發條釋放的力量傳遞到齒輪組，透過擒縱機構（擒縱輪、棘爪、擺錘）控制，保持發條產生的動能速度穩定，以此確保精度。但是在精工彈簧驅動錶上的擒縱機構是以三能整律器（Tri-syncho regulator，轉子、線圈、ＩＣ、水晶振盪器）取代（**圖4－15**）。

彈簧驅動是Seiko-Epson開發的產物，與自動上鍊腕錶一樣，利用迴轉錘轉緊發條，藉

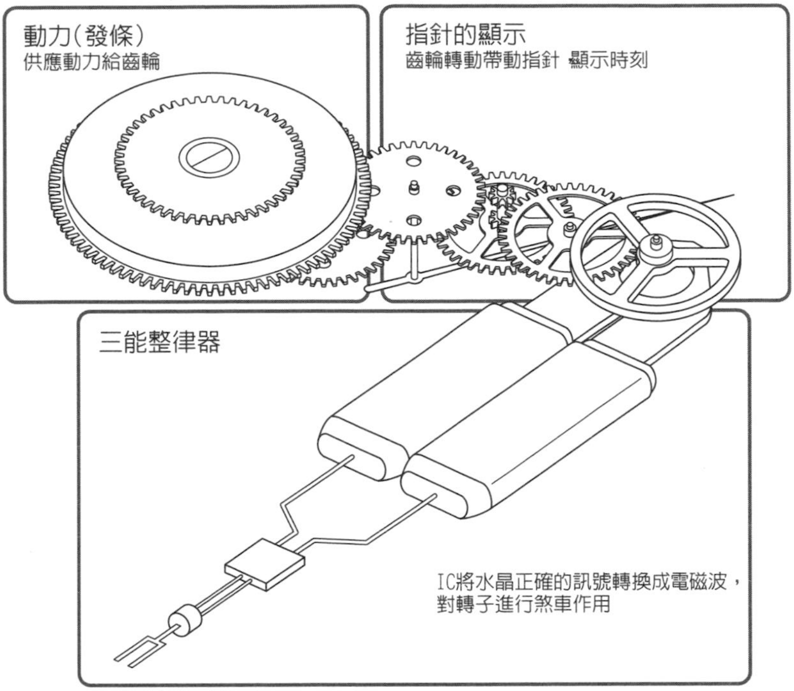
動力(發條)
供應動力給齒輪
指針的顯示
齒輪轉動帶動指針 顯示時刻
三能整律器
IC將水晶正確的訊號轉換成電磁波，
對轉子進行煞車作用

圖4-15　發條驅動式石英錶（根據The Seiko Museum Ginza提供的圖製作）

由發條釋放的力量帶動轉子轉動發電。產生的電能除了用於水晶振盪器的發振上，也用在控制迴路的控制上。

轉子的轉數設計爲八赫茲以上。不過，IC會檢測水晶振盪器與轉子的轉速，若速度太快就啓動磁鐵煞車，保持振動數穩定。這樣的設計讓轉子的迴轉能保持一定，穩定地傳遞給齒輪組。

這種控制方法和騎腳踏車下坡時，爲了避免速度太快踩煞車保持定速的道理一模一樣。

在彈簧驅動錶的驅動機制

中，爲提高發電效率同時實現低耗電、高效率傳達動能的效果，各個齒輪的咬合部位以及柄的結構都需要徹底精密研磨，這部分必須仰賴熟練的工匠技術。

精工彈簧驅動錶的最大特徵在於，雖然它是一隻電子錶，但卻完全不用電池，包括蓄電池。

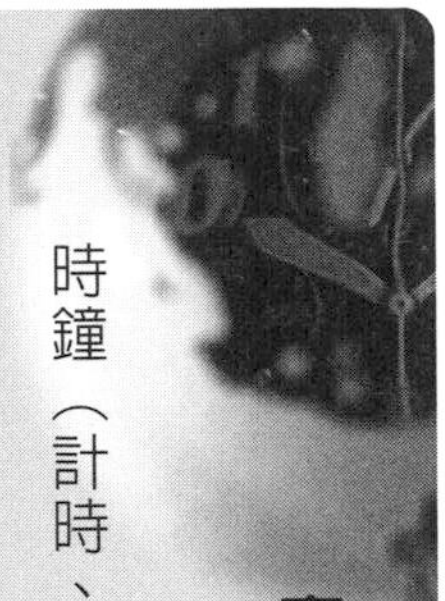

專欄 4　運動錶的飛躍進步

時鐘（計時、發表成績）已經是今日運動會上不可或缺的一部分。透過具備科學證明的精確、公正方式，可以客觀地判定「速度、力量」。不過早期的時鐘跟不上運動速度的腳步，在運動場上無法提供功能令人滿意的時鐘。一直到石英技術、電子技術被應用在鐘錶領域上後，運動用鐘錶才出現飛躍性的進步，達到完美的境界，也改變了今日的運動面貌。

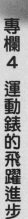

古希臘奧林匹克運動會的競技結果只能以排名顯示。過去作為全希臘競技大會會場的尼米亞（Nemea）體育場內有十三座裝設有門扉的起跑口，比賽開始時，起跑點裁判從後方用力拉起連結在門扉上的繩索，所有的門扉即同步開啓。不過在決定前幾名的重要決賽中，為了便於肉眼判斷，比賽往往限定由兩名跑者單獨比賽，以便明確淘汰落敗的一方。

世界上首度正式使用鐘錶計時是一七九六年在法國戰神廣場（Champ-de-Mars）舉行的短跑競賽。所採用的船舶用精密航海鐘的指針到定位時，選手們也同步起跑，這個方法也讓舉辦單位成功地記錄下第一名跑者的完賽時間。不過這樣的做法並未從此普及，在那個時代，能配合比賽進行將指針歸零，配合起跑訊號開始計時的碼錶尚未誕生。

人類第一次在運動競技場上使用碼錶計時是在一八二二年法國舉辦的馬術大會上。當時挪用醫療用碼錶來使用，目的是為了確認競技是否在規定時間內結束。

一八九六年第一屆現代奧運會上使用了可以五分之一秒為單位的碼錶計時，不過紀錄只能作為參考。當時的鐘錶精度仍嫌粗糙，時間仰賴計時人員測量判定，測量所得時間往往因為人員的素質或習慣出現差異。

奧林匹克憲章的「更快、更高、更強（Faster、Higher、Stronger）」的標語是在一九二〇年第七屆比利時安特衛普奧運上開始採用，從那時候起，時間紀錄也更受關注。

在此之後，人們除了關心勝敗、排名外，也開始關注起時間的紀錄。是否能在四分鐘內跑完一英里？誰能夠在十秒內跑完一百公尺？愈來愈多人開始注意到這樣的時間紀錄。但是以肉眼確認，由人手操作碼錶手動計時的方式問題也愈來愈明顯。

在一九三二年的洛杉磯奧運中，歐米茄（OMEGA）導入了能夠以照片判定抵達終點順序的裝置。在一九六四年舉行的東京奧運上，精工錶完成了能以百分之一秒為單位測量起點到終點時間的電子計時系統。

這套電子計時系統透過麥克風讀取起跑鳴槍的聲音啓動計時，終點線上則安裝了攝影機拍攝所有選手抵達終點的瞬間，拍攝用的底片上能顯示時間。在此同時，游泳競賽的部分則導入了觸控板，包含選手是否觸摸到觸控板的確認在內，利用這種方法在水波、水花噴濺難以判斷的終點附近得以正確地測量時間。

這些做法使奧運史首度實現了公正的計時，讓所有選手心服口服，也建構了今日的計時技術基礎。而且在慎重再三的研究與驗證之下，奧運大會在一九七六年決定「紀錄的單位修正為百分之一秒」「紀錄全部採用電子計時的數據」，讓田徑賽邁入了電子計時的時代。

鐘錶業者的下一個動作更為選手們帶來公平性。為了避免選手與起步槍的距離遠近造成起跑慢半拍的不公平狀況發生，鐘錶業者在起跑架內嵌入揚聲器，讓每一位選手都

狹縫切片攝影（Slit photography）一秒鐘可連續拍攝兩千張照片。每一張照片的影像顯示出在終點線上大約「寬1cm x 長15m」的細長照片。

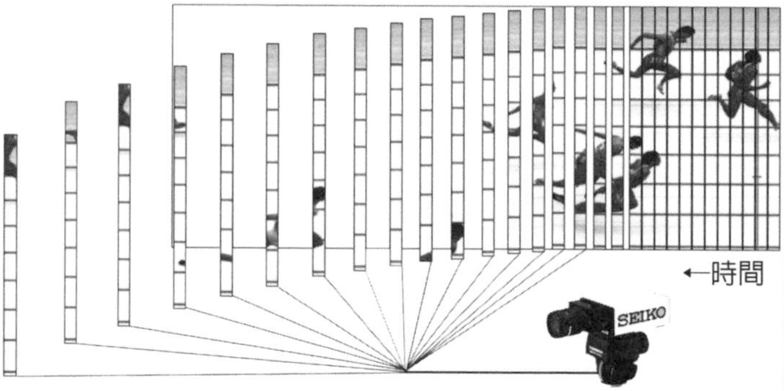

將狹縫切片攝影的細長切片照片按照時間順序串連，即可得到如下的照片。透過比對判定線與選手軀幹的狀況判定到達終點的先後順序。

狹縫切片攝影（Slit photography）的原理

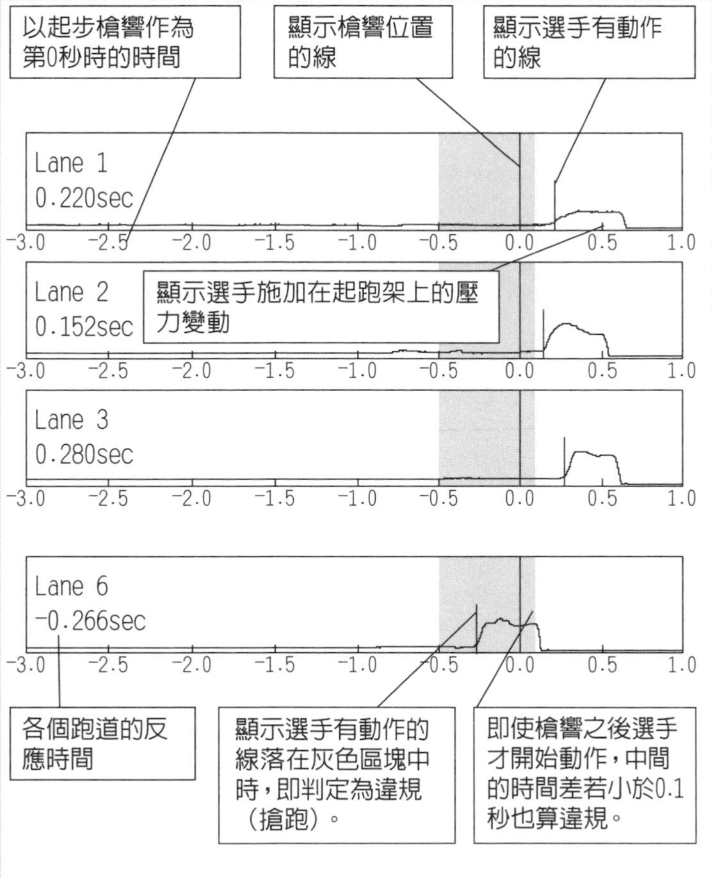

組裝在起跑架內的違規判定系統

同步聽到起步的號令聲。

後來又誕生了另一項達成「起步公平性」的裝置，就是違規判定裝置。賽跑選手在聽到裁判喊「預備！」的喊聲時會停下動作保持靜止，但在現行規則中，若起步槍「砰！」的一聲響起後的千分之一百秒（十分之一秒）內選手的身體有移動，就會被判定為搶跑。

判定搶跑的方法是在起跑架中藏了感測器，感測器能回溯到槍響前零點一秒以內，若這時段間測得一定的重量或者體重的變化時，就會發出警報聲到起跑架的耳機中，同時也會在紀錄紙上同步列印出所有選手的體重變動狀況。

不過，這個搶跑的情形近年來對短跑競賽造成了嚴重的影響。過去的規則容許選手發生兩次的搶跑，但是近來為了追求競賽時間的精準控制，只要發生一次搶跑選手就會被判失去參賽資格。

最近愈來愈多失去參賽資格的選手提出抗議，主張「自己並未搶跑」，證明有關

「在十分之一秒內起跑」的論文也隨處可見。

於是國際田徑總會（IAAF）在二〇〇九年邀集運動領域的學者與相關人員，參與搶跑的檢驗作業，得到的結論令人意外。在驗證的過程中，有好幾位選手都在未搶跑的情況下於千分之八十五秒內起跑。

簡單地彙整來看，國際田徑總會之所以設定「千分之一百秒」，是根據生理學的古典論文「人類在接收外在刺激，經過大腦判斷身體做出反應的所需時間最少為千分之一百四十秒」的理論。但是根據近年的研究顯示，人類在反覆接收到相同刺激後，接收到的訊息不會傳遞到大腦，而是由小腦產生反應，控制身體的動作，所以能縮短反應所需時間。

不過要證明這一點還需要理論根據背書，這麼一來就必須測定控制身體動作的「腦磁場」所產生的電子訊號。但是「腦磁場」的電子訊號強度只有地磁的一億分之一，只有大腦 α 波的幾十分之一而已，要測量這麼微弱的訊號可能至為困難。

因此，在不久後的未來，很可能會再重新修改關於搶跑的規則。

第5章

超高精度的鐘錶與未來

活用收音機廣播報時

早期的人們就有利用外部時間訊息的電波，進行鐘錶時刻校正的概念。不過當年縮小天線的技術尚未問世，無法讓手錶直接接收外部訊號，只能停留在概念的階段。但是近年來出現了小型收訊設備，以及長波無線電的報時服務，在超小型天線開發出來後，電波手錶也隨之普及開來。另外，市面上還出現了能直接接收ＧＰＳ衛星電波的ＧＰＳ鐘錶，不論人置身於地球何處，都能得知該地區的正確時間。

到了二十世紀初，歐美首度嘗試利用最初於一八八〇年代發現的電波，大範圍地傳遞標準時間。美國的海軍天文台自一九〇四年起，從紐澤西州的發射站發送標準時間的訊號，一九〇五年起華盛頓也開始發送訊號。法國與德國的天文台也自一九一〇年起對整個歐洲大陸提供同樣的服務。其中，特別是艾菲爾鐵塔的發射站高度足夠，能將電波傳送至更遠的距離，因此也常被使用。

但是當時發射的是短波無線電，除非擁有短波接受器，否則僅限專家們可以利用這項服務。短波發射端的設備比長波單純，具有電波接收範圍較廣的優點。

一直到英國最早透過收音機廣播報時後，一般百姓才享受到報時服務。英國廣播公司BBC在一九二四年開始播放「嗶」的聲音報時，以便統一英國國內的時間，這項創舉後來也在世界各國普及開來。

日本在一九三三年由NHK廣播（中波）開始自動報時，一九四〇年起當時的遞信省（後來的郵政省，今日的總務省）從日本千葉縣檢見川町（今日的千葉縣）開始發射日本標準時間（JST）的短波訊號，需要掌握正確時間的廣播公司或在海上活動的漁船等都會接收此一訊號。

日本最早的電波鐘（接收、修正）是精工舍製造的業務用水晶設備時鐘，一九六六年NHK松山放送局也購買了這款時鐘。這個時鐘具有日差正負零點零零二秒的精度，能接收JJY的電波自動補正誤差。

關於家用時鐘的部分，精工舍開發出利用內建晶體管的掛鐘，它能讀取NHK第一放送報時聲，修正機械指針的時間。這個掛鐘在一九六二年以參考樣本的形式參加了大阪國際展覽會的展覽，掀起廣大回響。於是隔年的一九六三年，精工舍正式推出商品問世，儘

圖5-1　學校等所使用的無線電電波修正時鐘（照片提供：The Seiko Museum Ginza）

管數量不多，但受到學校、企業等的熱烈支持（**圖5－1**）。當時爲了方便遠處也能觀看時間，一般都將時鐘懸掛在高處，要修正誤差（當時的時鐘一個月會慢上幾分鐘）極爲麻煩。

這款時鐘的原理是，電源在設定好的時刻（早晚七點）的一分三十秒之前，會流入無線電收訊機，執行以下步驟：接收廣播訊號↓感知到八百八十赫茲的聲音報時↓電流流入修正機構驅動迴路，修正機構作動進入待機狀態↓接收到訊號後進行檢查（若時鐘慢分，會將鐘的指示針修正對準七點的位置）↓收到訊號後經過一分三十秒，關閉訊號接收裝置的電源。

一天會重複兩次該步驟，執行對時與修正時間的動作。這個無線電電波修正時鐘的構造看似複雜，但由於這只鐘只有時針和分針，調整指示針時無需動到秒針。而且，修正的動作並非補正時間的誤差，而是不論誤差大小一律將指示針調到誤差「零分」的位置上，所以步驟單純。另外，這只鐘只接收NHK廣播的電波，這是因為當時的民營廣播電台尚無統一的報時機制。不過，NHK雖然是全國性的廣播電台，但各地使用的無線電頻率不同，而時鐘能接收的訊號限定在五三一～一五八四千赫（kHz）的範圍內。

利用手腕接收標準時刻電波

直到主要國家的標準時刻電波從短波改為長波，同時出現極小的天線可接收電波以後，手錶才在錶內加上接收電波的功能。一九九〇年，以長波發送時間訊息的地點除了日本（三和町）外，還有德國（Mainflingen）、英國（Rugby）、美國（科羅拉多州科林斯堡），一九九一年德國的鐘錶業者榮漢斯（Junghans）也開始販售數位式電波手錶。

二戰後的日本，開始從茨城縣三和町（今日的古河市）的名崎送信所發送二千瓦、頻率五、八、十百萬赫茲（MHz）的JJY電波。為了讓電波也能普及化，廣為民生用設備接收，日本自一九七七年展開長波的使用實驗（電波送訊範圍約五百公里）。後來，

圖5-2　電波的送信所位置與訊號發送範圍（上），大鷹鳥谷山標準電波送信所的全景（下，照片提供：NICT）

日本郵政省在橫跨福島縣田村郡（今日的田村市）與雙葉郡的大鷹鳥谷山上設置了一座四十千赫（出力五十千瓦）的訊號發送設施（電波送訊範圍約一千二百公里），正式開始運作。二〇〇一年在位於佐賀縣富士町（今日的佐賀市）與福岡縣前原市（今日的系島市）交界的羽金山上又興建了一座相同的設施（六十千赫），電波至此幾乎覆蓋整個日本（**圖5－2**）。

電波發射塔會在接收國立標準時間機構的時間訊號後，同步發射時間訊號，誤差精度爲三十萬年一秒鐘以內。電波手錶的最大優點是只要花一隻手錶的錢即可獲得極高的精度水準。

日本的鐘錶公司中以星辰錶最積極進行電波錶的開發。該公司在一九九三年開發出全球第一隻類比式手錶「星辰電波修正錶」（**圖5－3**），能接收多個無線電波頻率。這隻手錶有顯示小時、分鐘、秒鐘、二十四小時、日曆、是否接收電波等功能。其中最精巧的設計包括在直徑僅三公分錶殼內內藏超小型天線，以及錶殼不會妨礙微弱電波的接收，同時還解決了機芯造成的雜訊問題。

這隻錶的天線是將銅線纏繞在長三十毫米、直徑三毫米的錳鋅軟磁性體的芯棒上，總

圖5-3　全球第一隻類比式電波修正錶（照片提供：星辰錶公司）

計纏繞四百八十圈。天線的位置配置在錶面文字盤中央，遠離機芯的金屬零件。由於外殼是金屬不會妨礙電波的接收，所以電波入口的天線兩側邊框採用陶瓷材質。同時，爲了防止步進馬達的漏磁束，也就是內部雜訊的影響，天線與機芯之間做了密封屏敝阻隔。

在國家標準時間的電波正式運作後，各家鐘錶公司也陸續推出新產品。搭載太陽能電池、十分先進的「免維修」錶更提供了便利性，促使電波修正錶在日本迅速普及開來。

除此之外，由於天線的收訊敏銳度又更上一層樓，所以天線的尺寸也可縮小一半，置入錶殼內部，並且開發出全金屬機殼的機種，讓電波修正錶的設計更爲多元。在此同時，零件價格下跌，更多泛用手錶機種也能加入電波修正的功能，使該功能成爲手錶的標配之一。

這類手錶在電波環境完備的日本使用不會出現問題，但到了國外就不一定了。除非該國提供長波的標準電波服務，否則電波修正的功能就派不上用場。例如美國這種國土遼闊的國家，電波發射塔的數量有限（僅中央一處），所以到了沿海地區，這款手錶在許多大城市都發揮不了功能，讓人沮喪。

直接接收GPS衛星的電波

在此同時，以精確度聞名的GPS衛星時間資訊也在同步開發利用。若能接收GPS衛星的訊號，就算沒有發射標準時間的電波發射塔，在地球的任何角落也都能掌握正確的位置與時間訊息。

GPS是美國開發出的全球定位系統，在發射到高度兩萬公里上空的三十一顆人造衛星上，搭載誤差三十萬年一秒以內的高精度原子鐘（參見二〇一頁），不斷傳送出正確的時間資訊。只要使用這些人造衛星中較靠近地球的三、四顆衛星的電波，即可獲得時間資訊以及電波接受地點的位置資訊。只要手錶中內建衛星時間資訊的時區程式，即可顯示正確的時間。

雖然GPS的時間訊號具有高精確度，但在直徑僅三公分的腕錶內如何容納微小天線，捕捉距離地球兩萬公里衛星所發出的微弱電波呢？除了這一點外，如何提供足夠的電力給天線捕捉四顆衛星的電波，並同時進行演算處理？而且，如何確保加入零件所需的空間？這些不過是衆多技術障礙的一部分而已。同樣是GPS功能，與每天都能充電的智慧手機不同，手錶的GPS功能可獲得的電力供應極爲有限。要讓手錶具備GPS訊號接收功能，必須另外開發耗電爲智慧手機幾十分之一的低耗電GPS收訊功能方能實現。

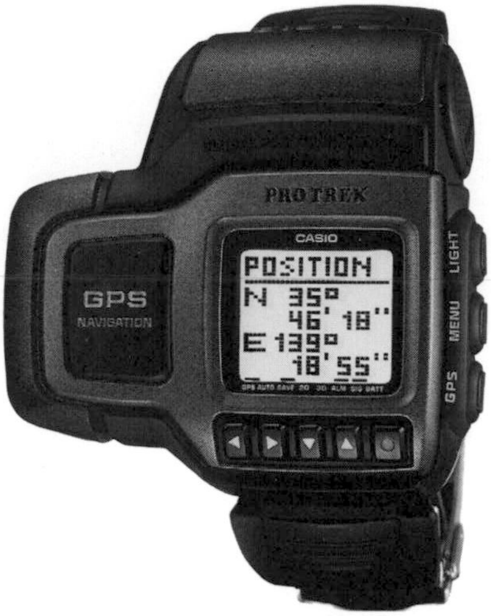

圖5-4　數位錶中第一隻具備GPS收訊功能的機種（照片提供：卡西歐計算機）

全球第一隻內藏GPS功能的數位手錶，是卡西歐計算機在一九九九年發售的戶外用商品「PRO TREK SATELLITE NAVI」（**圖5－4**）。將衛星傳送來的軌道資料（星曆資料，Almanac data）比對儲存在手錶中的區域、時間資訊，即可估計並分析自己所在地上空的衛星位置，並以圖表顯示自己所在地點的緯度與經度，所得結果誤差在三十公尺以下。

同時，在登山或賽車、遊艇活動中這也是一項方便的功能，只要輸入目的地的緯度與經度，即可計算出方位與距離。一顆鋰電池的電源可供大約六百次的測量。

「Citizen Eco Drive Satellite Wave」（二〇一一年）是第一隻可成功直接讀取GPS衛星時間資訊的類比式手錶。儘管手錶佩戴者必須事先輸入使用區域，但是只要長按位於錶身四點鐘位置的按鍵兩秒鐘，即可手動接收時間訊息。連續七十二小時未手動接收時間訊息時，手錶會自動收訊並進行時間校正。這款手錶提供的資訊只有時刻與日曆，只需接收一顆衛星的電波即足以因應，耗電較小。

自動顯示當地時間

二〇一二年精工愛普生（Seiko Epson）開發出能同時讀取定位資訊與時間資訊的類比

式GPS手錶「精工Astron」，不論身在地球何處，都能正確顯示手錶佩戴者所在地區當下時刻。

佩戴者只需將「精工Astron」的錶面朝向天空，長按位於二點鐘位置的按鍵六秒鐘，手錶就會分析目前所在的位置，在全球主要三十九個時區中，以指針顯示使用者所在區域的時間。這隻手錶採用太陽能電池作爲電源，無需擔心電池壽命，出國時也不用配合當地時間調整手錶，是一隻徹徹底底零操心的手錶。

「精工Astron」的天線是由環繞配置在錶面周圍的環狀高電容率素材構成，以化學沉積電鍍形成電路，機芯的部分則以外圍的鉤子固定住。

這隻錶的最大問題是，如何將耗電量大的GPS模組的使用電力壓低到太陽能電池的發電量以下。儘管GPS模組的耗電已經降低至智慧手機的五分之一以下，但依然是一般石英錶耗電的一千～一萬倍，電波錶收訊、校正時刻時更需二百倍的電量。因此，爲了降低耗電量較大的定位資訊使用頻率，若無需跨時區，手錶只會接收時間資訊進行校正而已。

日本也有其他鐘錶公司推出接收GPS衛星電波訊號的手錶，但是國外的鐘錶業者尚無推出相關的商品，因此日本產品獨霸一方。而且國外的時區狀況比日本複雜，例如有些地方時差的時間單位不一定是整數（例如印度的時間是世界標準時間＋五點五小時），或者長波的標準時間電波服務較爲罕見，這個狀況也促成日本的GPS錶出口到世界各地。

原子鐘以九十二億次振動計算時間

時間精度的基準是振動（周波），只要振動（周波）正確，振動數愈高（頻率）測量到的時間精度也愈高。振動數（頻率）意味著一秒鐘內反覆振動的週期數。機械錶的每秒鐘振動數爲五～十次，誤差精度爲一天數秒～數十秒；石英錶的水晶振盪器一秒鐘振動數萬次，一個月的精度誤差爲數秒～數十秒。不過說到原子鐘，其振動數是以億爲單位。

順帶介紹，銫一三三原子的頻率爲九十一億九千二百六十三萬一千七百七十次，是鹼金屬中頻率最高的一種，而且具備很容易失去一個外殼電子、同一族原子又重又易止住的特性，這樣的特性很適合用來進行測量，因此被用來規定「秒的定義」。

取出原子振盪器的頻率基本上有兩種方式。一種是材料採用銫（Cesium）或銣（Rubidium）的吸收（共振）型。這種方式是利用如下現象進行，也就是以光譜線（通過分光器分解光時可見到的線）頻率接近原子或分子固有的微波，將其照射在原子或分子上，在兩者頻率一致時，微波吸收最大。只要發生共振，照射微波的振動數與原子固有的振動數就會相等。爲了進一步正確測定振動數，還可採用拉姆齊共振（Ramsey resonance）的方法，即可根據所取出的資料校正鐘錶內藏的基準，也就是振盪器的頻率。

另外一種是邁射（Maser）型，它是將訂定光譜線的兩個能量準位中，上方準位的原子或分子收集到微波空洞共振器的裝置中，使其產生邁射振動，直接取出光譜線的方式，所使用的素材有阿摩尼亞邁射與氫邁射等。

邁射型只需數分鐘到數小時即可測得很高的精度，相對地，吸收型可將數日的測定結果進行平均，獲得更高的精度。不同方式的特性各有千秋，可依照使用目的選擇使用。

發現地球自轉的誤差

原子鐘讓人們見識到革命性高精度，因爲原子鐘的誕生，讓我們發現地球自轉存在「誤差」與「偏差」，顛覆了過去人類的常識。

全球人類是在導入公制法時（一七九九年）正式制定時間的單位，以「秒」作爲基礎單位。時間單位的制定，其實是對天文學家們已經慣常使用超過一千年的概念做了事後諸葛，一秒的長度定義爲「一平均太陽日的八萬六千四百分之一」。所謂的平均太陽日是指，以太陽通過子午線時刻計算出的一日時間，再將全年平均下來即爲平均太陽日。

早期人類認爲地球的自轉具有規律的週期（零誤差），八萬六千四百是以二十四小時換算成秒所得的值。日本最早規定「秒的定義」是在一九五一年（昭和二十六年），當時東京天文台效法歐美定義了「一秒爲平均太陽日的八萬六千四百分之一」。

一九五二年國際天文學聯合會訂定了「以一九〇〇年作爲地球一年的長度基準年」，並制定了「曆書時（Ephemeris Time）」，定義「一秒爲平均太陽日的八萬六千四百分之一」。到了一九五六年，國際天文學聯合會還規定根據「格林威治標準時間一九〇〇年一月一日上午零時」地球公轉的平均角速度，算出一秒鐘的長度爲「一太陽年的3155萬6925．9747分之一」。

不過，新開發的原子鐘告訴我們，過去被認爲絕對正確的地球自轉其實存在「誤差」與「偏差」。在機械鐘的年代，天文觀測所能測量到的精度頂多到百分之一秒單位就達到極限，但是原子鐘的開發讓科學家的測量單位可達千分之一秒。這時，科學家才發現自轉軸的方向存在三～五毫米的偏差。

我們已經知道地球自轉軸的地軸並非固定朝宇宙的特定方向，地軸本身會畫圓進行「歲差」運動，而且自轉軸會出現偏移的情形，儘管幅度極為微小。同時，地球的自轉也會隨著季節發生變動。在此同時，科學家也確定地球會因潮汐的漲退等因素，減慢自轉速度。

在各國爭相開發原子鐘的情況之下，科學家在比對「曆書時」與原子鐘觀測數據時也發現了曆書時的不足。於是，一九六四年新增了以原子鐘計時的「原子時」。此外，國際天文學聯合會也製作了「以銫一三三原子在基態下振動九十一億九千二百六十三萬一千七百七十次的時間長度為一秒鐘」的一秒鐘永恆固定長度草案，這項草案在一九六七年的國際度量衡大會上通過，使用至今。

原子鐘的原理

這裡要以銫原子鐘為例進一步說明時間的測量方法。銫具有如下性質，當它暴露在特

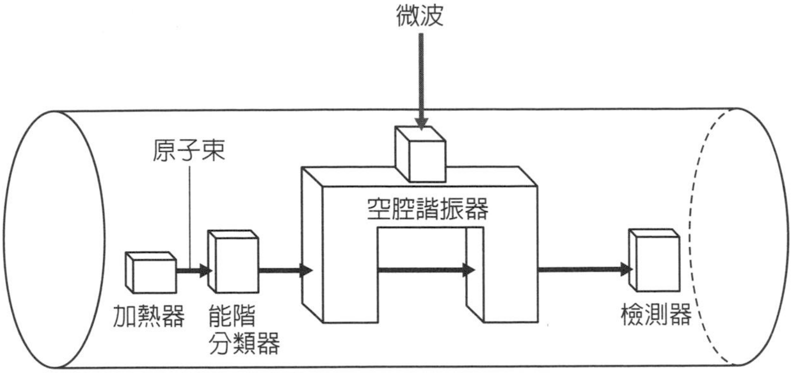

圖5-5　原子鐘的模式圖

定頻率的電磁波中時，原子核中最外層電子與基軌道的磁矩的相對方向會發生變化，變成激發態。銫一三三的原子不僅不易發生躍遷，即使發生也落在約九十二億赫茲的正負二十赫茲、極爲狹窄的頻率範圍內，此時會引發拉姆齊共振（**Ramsey resonance**），被稱爲「時鐘躍遷」。

這項測定的基本設備（共振型）需有一個爐子（加熱器）、能階分類器（偏轉磁鐵）、空腔諧振器和檢測器，這些設備以水平排列的方式排列在橫條長形的眞空槽中（**圖5－5**）。

將經加熱器加熱到約攝氏一百度的銫一三三原子水平射出到蒸汽束上，以能階分類器篩選出特定能階的原子，然後將之送入空腔諧振器。在特定能階原子通過空腔諧振器的期間，將內藏水晶振盪器（石英鐘的振盪器）的振動數倍增（整數倍），並以設定爲銫原子頻率的微波照射。此時，檢視共振（拉姆齊共振）現象發生時的值，並計算通過檢測器的原子數。近年來，愈來愈多人不使用能階分類器，而是採用「光激發型」的設備，直接照射雷射光讓所有的原子呈現過渡態，並計算通過原子數量的方式。

照射用的微波頻率是透過內建之五百萬赫茲（MHz）級水晶振盪器的頻率倍增產生，過渡態銫原子的頻率正確性與穩定性遠較微波的優越。如果發生共振現象，則證明作爲微波頻率源的水晶振盪器的頻率正確，但若出現偏差，這時預先組裝在內的電子迴路就會發生作用，根據檢測器的數據補正水晶振盪器。

「拉姆齊共振」是透過兩次共振現象以大幅提高測量精度的方法。在追求最高精度的「原子基本頻率標準器（primary frequency standard）」中，爲了增加通過共振器期間的測量機會，因此必須增長空腔諧振器的長度，這使得整個裝置的大小和橫躺的人體長度差不多（**圖5－6**）。

除此之外，由於測量的頻率很高，裝置中備料的銫原子在短短幾天甚或兩週左右就會耗盡。在每次補充原子或進行裝置的檢查調整時，設備必須暫時停機。一台全球認可的

圖5-6 英國國立物理研究所開發出的第一台「銫原子鐘」

「原子基本頻率標準器」，其使用環境必須具備「海拔零公尺、眞空中、絕對零度、無電磁場、靜止」的各項條件。

另一方面，能裝在衛星等之上、強調實用功能的原子鐘，除了受尺寸限制外，也得符合長期連續使用的條件。因此，簡化設備勢在必行，並且降低測量頻率以減少原子的消耗，將測量數據供應內建的石英鐘使用，進行控制。GPS如搭載銫原子鐘，鐘的重量約十公斤，如爲銣原子鐘則重約七公斤，時間精度爲三十萬年一秒以內，使用壽命約十年。

銫原子基本頻率標準器的精度爲一百萬年一秒以內，但在後來開發了「光激發型」後，精度提高到六百萬年一秒以內。在那之後又出現了「泉型」

頻率標準器，精度更高達二千萬～三千萬年一秒。爲了增加測量的機會，「泉式」將原子以雷射冷卻到接近絕對零度，減緩運動速度（每秒一公分），讓大量的原子像噴泉一般向上發射，因此可在上升中與落下時的兩個方向測量原子。這個設計不僅讓裝置的尺寸變得更精簡，同時仍可做兩次測量，提高了測量精度。

以各國數據決定世界時間

第一台原子鐘是由華盛頓美國海軍天文台的威廉．馬克維茲（William Markowitz）在一九四六年製作出的邁射（Maser）型阿摩尼亞原子鐘，時間精度爲三千年誤差一秒。到了一九五五年，英國國立物理研究所的路易斯．埃森（Louis Essen）成功製作了銫型原子鐘（時間精度三千年誤差一秒）。埃森自一九五五年起耗費三年時間將銫型原子鐘與當時的標準時間「曆書時」進行比較，證明了原子鐘的正確性與實用功能，在一九六七年，銫原子的原子振動數就取代了原有的秒長度定義。

日本的電波研究所（今日的ＮＩＣＴ，國立研究開發法人情報通信研究機構）從一九五三年開始開發原子鐘，一九五六年完成了阿摩尼亞原子鐘。而且在一九六六年成功開發出全球第三個氫邁射原子鐘。

最早使用原子鐘的是天文台等負責發報標準時間的機構。目前全球的標準時間（協調世界時，UTC）是由位於法國巴黎的國際度量衡局（BIPM）訂定，不過全球標準時間是根據世界各地大約七十個機構、約四百台原子鐘，以及約十台的原子基本頻率標準器所觀測的數據運作。此外，世界時間並非即時算出，而是在測量的一個月後才正式公布世界標準時間。

另一方面，各國的標準時間由各國管理（實際上與協調世界時之間存在一億分之一秒到一千萬分之一秒的誤差）。若無法即時提供標準時間，可能會影響到社會的運作。以日本為例，是由位於東京都小金井市的國立研究開發法人情報通信研究機構（NICT）負責這項工作。

NICT彙整了約三十台（隨時保持十八台運作鐘）的原子鐘以及原子基本頻率標準器的數據，隨時透過標準電波或電路線路發送標準時間的訊號。不過，NICT也隨時監控世界標準時間以及世界主要原子基本頻率標準器的觀測數據，進行微調。NICT所負責的日本標準時間對國際原子鐘的誤差，在二〇一二～二〇一三年的精度紀錄爲正負一億分之二秒以內，一直保持全球前七名以內的精度水準。

愈來愈發達的小型化——有可能製造出原子鐘手錶嗎？

原子鐘給人一種必須由研究所、實驗室愼重管理的形象，這樣的形象的確適用於原子基本頻率標準器上。不過，小型原子鐘已能應用在愈來越愈多場合。

在鐘錶製造廠，鐘錶出貨前對時的基準鐘使用的就是原子鐘。這類原子鐘若爲銫原子鐘，大小在五十立方公分以下，重量約三十公斤。氫邁射型原子鐘則約五十公斤。不過這些原子鐘除了研究所外罕有其他用途，在日本的銷售量不多，日本的製造業者也很難將之商業化。

對一般人貢獻最大的是安裝在ＧＰＳ（全球定位系統）衛星上的原子鐘，這個原子鐘讓地球人不論置身在地球何方，都能瞬間掌握所在位置的時間，對船舶或飛機的航運來說是不可或缺的工具。

在此同時，也有愈來愈多的業者嘗試縮小原子鐘的體積，希望讓原子鐘應用在更多場域。世界各地的業者，有的嘗試製作晶片型原子鐘，以安裝在伺服器或智慧手機上；或者縮小體積以便組裝在腕錶上。不過原子鐘的製造成本依然昂貴，除非應用領域需要原子鐘的測量數據，否則仍不見普及。

不過，美國的國防部從二〇〇〇年代前期開始展開晶片大小的原子鐘研發，在二〇一一年由美國的企業針對產業用途（容積十六立方公分）開始販賣。之所以能夠小型化，是因爲成功開發出無需採用體積龐大的微波共振器的構造，目前大小還在一立方公分的水準（不含供電電源），未來體積應該會縮得更小吧。

三百億年的誤差只有一秒鐘

隨著原子鐘的實用化，研發人員也朝更高精度的技術發展。進入一九八〇年代後，更加積極研究用振動數更高的原子，例如採用單離子和鍶，或者照射用的電磁波使用比微波頻率更高的四百兆赫的光，各項研究都在推動當中。

其中最受關注的是單離子光頻原子鐘（single ion optical clock）。它的設計是將冷卻到接近絕對零度的單一帶電粒子捕獲（封閉）在電極之間，並調整光的頻率，使其在雷射光束的照射下促進躍遷產生共振。

NICT在二〇〇八年開發出使用鈣離子的光頻原子鐘，精度爲2×10^{-15}。在開發的過程中，全球首度成功地測量到鈣離子的共振頻率。最近測量到的鈣離子共振頻率爲411兆4421億2977萬6398．4±1．2赫茲。

不過這種做法有一個缺點，由於頻率是一個原子一個原子地測量，在累積數據上曠日費時。

於是，又出現了將大量的鍶原子封閉在光晶格內測定時間的「光晶格光頻原子鐘」的概念。東京大學工學系研究科的香取秀俊教授於二〇〇一年在學會上發表的這項概念，是以雷射光製成一百萬個網格，在每個網格中一個一個地捕獲和測量鍶原子（**圖5－7**）。於是，這個概念誕生了比過去精度最高的泉型銫原子鐘精度高出好幾百倍、誤差爲三百億年一秒（精度10^{-18}）的時鐘。走到這一步，時鐘的「精度」已經不侷限在地球時間，甚至擴大到宇宙時間的範圍。

儘管「光晶格光頻原子鐘」的精度遠遠較單離子光頻原子鐘高，但是也存在相對的問題，不適合用在鐘錶上。

其一是，在光晶格光頻原子鐘中，發生顯著改變原子能階（斯塔克偏移（Stark shift））的作用，躍遷頻率的變化過大，使得測量變得困難。順帶介紹，NICT所製作的鍶光晶格鐘的共振頻率為429兆2280億4229萬9873.9±1.4赫茲。

另外一項課題是，為了實現超高精度的測量，必須讓原子靜止不動才行。但是要讓一百萬個原子完全靜止簡直就是天方夜譚，原子移動所產生的都卜勒效應會影響到測定的作業。而且封閉狀態也導致原子的能量出現空間上的變化，降低了時間精度。

香取教授為了降低原子的熱運動，開發出利用雷射冷卻溫度至接近絕對零度的「窄線寬雷射冷卻法」，解決了前述問題。同時，它也發現到引發原子共振的雷射光中，存在一個振動數（後來被稱為「魔法頻率」），能抵銷密封導致的影響。香取教授運用「窄線寬雷射冷卻法」以及「魔法頻率」，解決了所遭遇的難題。

一開始學會成員對於香取教授提出的理論抱持冷眼旁觀的態度，但是在二〇〇五年香取教授團隊發表了原型機後，關注度也暴漲，目前在歐美至少有二十個團隊從事相關研究。

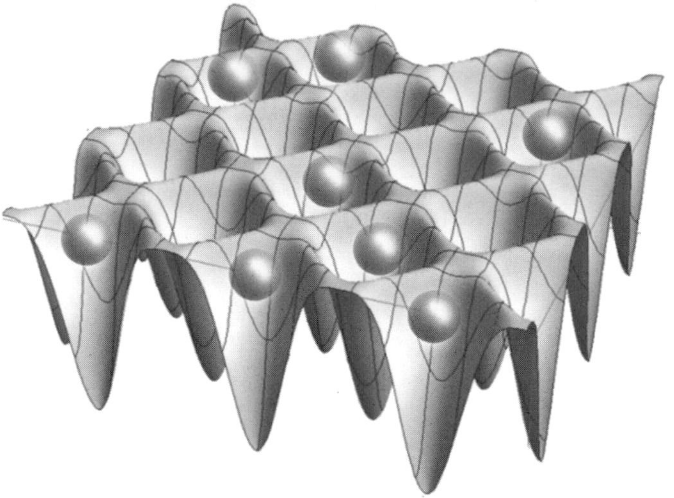

圖5-7　香取教授所製作的光晶格光頻原子鐘（上），以及光晶格的模式圖（下）
利用多條雷射光的干擾製作出像雞蛋包裝容器般的原子容器（光晶格），原子就一個一個收容在這些格子內。

日本的NICT也製作出原型機，以10^{-18}的精度測量時間只需要二十分鐘。而且在日本的產業技術總合研究所爲了取代鍶，使用了照射一秒鐘約五百一十八兆次振動的電磁波時能產生共振的鐿（Ytterbium）原子。

測量時間以外也在質量測量上發威

所謂的三百億年一秒的誤差到底是何等境界？宇宙的歷史也不過一百三十八億年而已，在人類生活中的時間誤差，都是可以直接忽略的水準。不過，因爲這麼高精度的時鐘出現，也讓我們看見另一個新世界。

例如愛因斯坦的相對論中存在的「時間扭曲」理論，就可以因此獲得證明。愛因斯坦主張「重力愈小時間過得愈快」，所以懸掛在不同高度的兩個時鐘，嚴格說來時間進行的速度也不一樣。

因此，在二〇一一年東京大學與NICT以光纖串連其各自所有的光晶格光頻原子鐘，進行實證實驗。東京大學本鄉校區（位於東京都文京區）與NICT（位於小金井市）的距離爲二十四公里，高度相差五十六公尺。在實際對照雙方的頻率時，雖然10^{-15}的等級看不出差異，但卻在小數點後十六位數測得了二點六赫茲的差。

據說同爲擁有十八位數精度的光晶格光頻原子鐘，即使高度只相差一公分也可測量到時間的差異。

在二〇一六年，研究團隊又透過比對放置在不同地點的光晶格鍶光頻原子鐘的時間差，成功地測量出兩個放置地點的高度差。研究團隊將東大本鄉校區的一台與理化研究所（位於日本埼玉縣和光市）的兩台鍶光鐘以光纖串接（直線距離約十五公里），經比對測量的數據後，理化研究所的兩台振動數爲10^{-18}單位上一致，但是東京大學的時鐘只有1652·9×10^{-18}，振動較慢，推算出兩個地點的標高相差一千五百一十六公分。這個結果與日本國土地理院的水準測量值僅僅相差五公分。

而且，長距離區間的水準測量是將短距離區間的測量數據累加而成，很可能發生累積誤差。因此，進行長距離的不同地點測定時，可利用光晶格光頻原子鐘的網路測定效果更好。

「時間」不僅是「計算時間」，談到「時間精度」時也不再單指「時間的誤差」，還存在其他不同的意義。

高精度鐘錶改變了人類對「時間」的概念

如本書一路追溯鐘錶的歷史所見，這半世紀以來鐘錶突飛猛進地不斷進化。腕錶的開發改變了人們的生活，高精度鐘錶的問題改變了社會，原子鐘讓我們明白了地球時間存在誤差，改變了所謂「時間」的定義。不僅如此，光晶格光頻原子鐘的誕生很可能再度改變對「秒」的定義，因爲在二〇一二年舉辦的米制公約（Metre Convention）大會上，決定將日本開發的鐿（ytterbium）原子的原子鐘的「秒」納入新的「秒」的定義（秒的輔助表現）。

在此同時，技術的進化也對人們既有的觀念帶來了新課題。在新的概念下，「時刻」與「時間」的「時」之間失去了一致性。根據日本的標準國語辭典的解釋，所謂的「時刻」是指「時間流動中的一瞬」，「時間」則是指「介於一個時刻與另一個時刻之間」（《岩波國語辭典》）。按照辭典這樣的定義，「A時刻加上所需時間一定會等於B時刻」，但是在新增了「閏秒」之下，所得結果就未必是「B時刻」了。

在天文學上，「時刻」是以天體運行中地球的自轉角度（方向）來表現。當太陽朝向正南方時為正午，太陽偏移十五度就與世界標準時間相差一小時。此外，原本一秒的長度是天文學家們習慣使用的「一平均太陽日的八萬六千四百分之一」。

但在一九六七年新加入「原子秒」的概念，一秒鐘的定義變成「銫一三三原子基態在兩個超微細構造單位之間遷移時，放射九十一億九千二百六十三萬一千七百七十週期的持續時間」，也就是「銫原子在能夠最正確、產生最大振動之環境下，振動約九十二億次的時間即為一秒」。

理解天體運動之於時刻、物理科學之於時間，兩者奠基於不同領域的觀念後，人們絞盡腦汁思考該如何拉近自然時間之「時刻」與人工訂定時間的「時間」。

最早的做法是由英國與美國之間協議決定。英國的國立物理研究所以及格林威治天文台、美國國家標準局、美國海軍研究所、美國海軍天文台之間共同決定，於一九六一年導入運用。在一九六一年一月剛開始執行時，「時刻」與「時間」兩者間的一秒鐘差異很長，為十億分之五秒。到了同年八月縮短到零點五九，防止人工時間落後地球時間太長。

但是這項決定不僅有欠公平，而且實際上以十億分之五秒為單位將標準時間調長或調短都很困難，法國抗議這項決定對原子鐘的調整負擔太大，於是從一九七二年起引進了「閏秒」的做法，將「時間的延長縮短」統整爲以一秒鐘爲單位。這就是協調世界時（UTC）。

協調世界時的實際管理者是法國，使用「原子鐘」進行時間管理的作業是由國際度量衡局（BIPM）負責，他們蒐集全球各地超過四百台的原子鐘觀測數據進行比對，考量精度等級與過去的紀錄之後決定全球的官方時刻。在此同時，全球主要天文台觀測太陽與恆星之南中天時刻數據則由國際地球自轉服務組織（IERS）負責收集、比對與整理，確定地球的時刻。若確定南中天時刻可能將與原子鐘相差超過零點九秒的話，就會指示BIPM以「閏秒」方式調整處理。

在幾次以「閏秒」進行時刻調整之後，社會也開始適應並熟悉因應之道。在提供數據給廣播公司、電話報時的NTT等，其所使用的設備時鐘已經加入了調整專用的程式。進行調整時，時鐘會在閏秒前一百秒間，以每次調整一百分之一秒的方式調整時間，在到達整點時時間就會一致。但是，從事股票交易的東京證券交易所會在兩小時（七千二百秒）之前調整時間，經手貴金屬與能源的東京商品交易所則以每分鐘慢八毫秒的方式透過一百二十五分鐘之間調整時間。

近年來很多電子儀器都內建時鐘功能，與電腦連接時可能出現同步的誤差，引發問題。事實上，二〇一二年剛加入「閏秒」的做法時，澳洲的航空公司就發生系統異常情形，飛機航運的混亂狀態長達數小時。可曾經發生爲避免不必要的混亂發生，停止交易三十分鐘（紐約商品交易所）、中斷系統運作（氣象廳、緊急地震速報）的案例。

這些狀況也引發了對「閏秒」負面影響的指責。一般認爲「閏秒」的調整不僅未帶來太多好處，反而因爲修正作業太繁複導致增加額外的成本，修正錯誤甚至帶來嚴重的負面後果。

因此從一九九九年左右開始出現要求修正「閏秒」用法的聲音，例如「於高度發達的資訊社會中，在自然時間中加上人爲的『秒』是錯誤的根源，應當廢止閏秒的做法」（美國）等。因此，二〇〇〇年聯合國的專責機構國際電信聯合會（ＩＴＵ）在世界無線電通信大會（ＷＲＣ，每四年舉行一次）上，設置了一個特別研究組進行討論。

在二〇〇四年、二〇〇八年的會議上，降低「閏秒」調整頻率的議論備受關注。有人提出「五十年再統一調整一次『閏分』就好」，或者是「在『閏時』發生前應先不管它」，但是這類提議引來強烈反彈，被認為「不是根本的解決之道」。從一九七二年到二〇一五年底，總共插入二十六次的「閏秒」，若五十年統一調整一次的話，將出現三十秒的時間差，若置之不理，六百～七百年後，自然時間與人工時間估計將出現三十分鐘～一小時的落差。

二〇一二年舉辦的WRC－12會議上，「廢止方案」被提上了大會議場，美國、日本、法國等投贊成票，英國、加拿大、中國則站在應繼續閏秒的立場，秉持著「繼續執行沒有問題」「不調整時間落差會引發問題」「調整的繁複作業可透過進一步自動化克服」的想法。另外，許多新興國家無法理解這項討論本身的意義，最後方案又被退回研究團隊繼續研究。

二〇一五年舉辦的WRC－15會議上，中國轉向投廢止票，澳洲、韓國也贊成廢止，但是英國、俄羅斯、阿拉伯等六國仍然反對廢止。會議最後的結論是廢止調整閏秒的做法，導入新的連續時間系統。不過新的連續時間系統會帶來何種影響仍有待進一步研究，將在二〇二三年的WRC大會上做出決定。

鐘錶的人工時間精度愈高，與以自然為基礎的地球時間乖離程度也愈廣闊。關於「閏秒」的討論，是基於「該如何塡補時刻與時間之間的乖離」的角度思考，這個前提不改變，對立就很難結束。看起來，人類應採取更積極的作爲，思考如何將屬於兩個不同層面的「時刻」與「時間」擺在同一個層面定義。

第二項課題是，時間單位是否應繼續採用「六十進位法與十二進位法」？自古以來時間的單位就很「特殊」。時間與天體、空間的深厚關係，讓時間在度量衡的世界裡成爲「特殊的存在」，因爲時間的單位不僅具有科學上的意義，也是哲學要素的一部分。但隨著鐘錶技術的發展，「時間」的定位也大幅改變。時間的單位被廣泛運用在其他度量衡上作爲基礎單位，不再特殊。

近年來，度量衡的定義不再以實物作爲計算單位，採用物理常數逐漸成爲主流，時間（秒）也被納入七種基本單位中。長度單位是以「光行進的時間」規定，二〇一八年國際定義的重大修訂中，時間可能也將與溫度等的定義產生相關性。在這樣的發展下，當十進位的公制法已成爲一般標準時，「六十進位法與十二進位法」很可能成爲度量衡世界裡的一項阻礙。在ＩＴ時代，不同的進位法讓電腦必須多加一道處理步驟，增加其作業負擔，而且複雜的程式也減緩演算的速度。

此外還有一個奇怪的現象，時間採用的是「六十進位法與十二進位法」，但是輔助單位卻採用十進位法。例如百米賽跑的時間十秒三〇不稱作十又二分之一秒，而是稱作十又十分之三秒。舊世界很少用到輔助單位，直到十九世紀後半，除了運動選手外，一般人不會遭遇到一秒以下的計時問題，鐘錶也看不到秒以下的時間計算。

但是進入電子、電腦的時代後，秒以下的時間逐漸普遍成爲日常的一部分。秒以下的輔助時間單位不僅應用在一些領域上，甚至是數據的交換使用，秒以下單位的使用也是家常便飯。

有鑑於此，時間單位恐怕很難繼續沿用舊制。鐘錶技術的進化，也帶出了「時間」本身的大課題。

專欄5　逐漸被日本人遺忘的夏令時間

「夏令時間」是在部分國家裡，當日照時間較長時，提早時間的一種夏季標準時間的制度，歐洲稱作夏令時間（Summer Time），美國稱作日光節約時間（DST，Daylight saving time）。

全球有七十多國採用夏令時間制度，在OECD（經濟合作暨發展組織）會員國中，大概只有日本、韓國、冰島未採用這套全球的主流做法。日本每次在遭遇能源危機時，就會開始討論是否導入夏令時間制度。儘管相關法案幾度提交至日本國會，但至今仍未通過立法，實施也顯得遙遙無期。這件事在日本百姓之間未曾掀起漣漪，顯示日本人對夏令時間漠不關心。

最早提出夏令時間的是英國建築師威廉・威力特（William Willett），他單純認為「在日照時間較短的英國，夏天若能多曬點太陽，身體不容易生病，也能增進國民的健康」。威力特一九〇八年在議會上提出「日光節約系統」的法案，希望藉此節省照明費用，不過基於擔心影響到與歐洲大陸之間的交通，引發混亂，以及阻礙了與美國之間的經濟活動，議員們紛紛反對，未通過這項法案。

不過，這個概念在第一次世界大戰中被德國全盤借用，目的是「延長勞動時間增加軍需物資的生產」，當時同盟國的奧地利也追隨德國的腳步。英國見狀於是急忙讓該法案復活通過，於一九一六年開始實施。

雖然德國在戰爭結束時廢除了夏令時間制度，但是法國、丹麥、瑞典、挪威、葡萄牙和英國同步在一九一六年開始實施，愛爾蘭、烏克蘭、蘇聯也自一九一七年引進了這項制度。

從一九一八年起，美國每逢遇到戰爭，為節約能源便實施日光節約時間（DST），但始終未持久。深究原因，一來DST給人深厚的戰爭印象，老百姓避之唯恐不及，二來是後來美國採用當地時間（Local time）制度，各州、各郡可以自由設定標準時間，因而未持續實施。

在美國，對夏日節約時間抱有好感的，都是遠離自然、居住在都市裡的人，從事農業、畜牧業的人們可能有各種不喜歡夏日節約時間的理由。不過到了一九二〇年，美國的都市居住人口數首度超越農村人口，夏日節約時間的支持派也一躍居於優勢。

在此同時，當地時間制度一團混亂，在鐵道公司、航空公司抗議連連的強烈要求下，美國將美國本土分成四個標準時區，並在一九六七年通過了以採用DST為主軸的統一時間法（Uniform time act），夏令時間也納入制度當中。

歐美主要國家一直到一九六〇～一九七〇年代開始全面普及。導入夏令時間的原因包括「節約能源、減少化石燃料」「與鄰近國家協調」「經濟對策」「天空明亮的時間」「晚餐後的時光可從事休閒活動」「減少交通事故發生」等。

在世界地圖上觀察夏令時間，可發現未採用的國家集中在赤道附近或非洲各國。也有些國家的中央政府雖然採用，但地方政府卻未確實實施夏令時間，例如美國的亞利桑那州、夏威夷州、加拿大的沙士卡其灣省（Saskatchewan）以及澳洲的西半部地區。

亞利桑那、夏威夷與赤道的距離不遠，日照不因季節變化太大，但是其他地區不採用的理由據說因為居民大多從事畜牧業，「牛不懂什麼夏令時間」的緣故。

美國每逢能源危機，就會擴大夏令時間的實施期間，目前從三月的第二個星期日到十一月第一個星期日為止合計達約八個月，這讓「冬季時間」的期間反而較短。

另一方面，也有很多不定期採用夏令時間的例子。鄰近的韓國在一九八八年舉行漢城（現稱首爾）奧運時，資金負擔龐大的美國電視公司對奧委員施加壓力，要求競賽時間須儘量接近美國的電視黃金時段，韓國只好勉強採用了夏令時間。不過這項措施並未獲得百姓支持，兩年之後遭到廢除。

採用後又廢除的國家有俄羅斯、突尼西亞、蘇丹、哥斯大黎加、寮國、摩洛哥、阿根廷、哥倫比亞、烏拉圭、利比亞等，大多為中南美以及非洲北部國家。靠近赤道的國家不因四季變化日照改變太大，因此夏令時間的效益不大。

對於自然法則與夏令時間的關係，世界各地提出各種看法，不同主張的辯論也很激烈。荷蘭長期研究夏令時間對人類的影響，整個歐盟地區每四年也舉辦一次相關的討論。在德國也慎重其事地觀察牛隻的反應，以一週時間讓牛隻慢慢習慣夏令時間的生活步調，據說放牧的酪農與栽種觀賞用植物的農家都給予正面好評。

日本百姓則多持反對意見，因為許多人經歷過二戰後、一九四八年起實施了四年的「夏時刻法」，當時留下的負面印象至今仍留下影響。當時日本在美國占領下，盟軍最高司令官總司令部（GHQ）直接將美國本土的制度引進了日本。若詢問有過那段經歷的人，回答異口同聲都是惡評，例如家庭主婦認為「被強迫早起，讓我老是覺得沒睡飽」，勞工認為「勞動時間變長，太辛苦了」。一九五一年的民意調查結果顯示反對達百分之五十三，日本的夏令時間制度於是在一九五二年廢止。

不過調查結果中也顯示，財經界認為夏令時間具有經濟波及效應。勞工提早下班，在日落之前有機會從事戶外活動，創造更多的消費機會，能產生個人消費成長百分之零點三、國內生產毛額（GDP）增加百分之零點三的效益。這也是夏令時間之所以被稱為「可推動節能、環保友善地球、經濟成長三位一體的優秀制度」的原因。

日本實施夏令時間的方案有兩種，第一種做法是直接將標準時間提早一個小時，另一種則是在夏季將標準時間的子午線移到東經一五〇處（擇捉島東邊）。東日本的居民在夏令時間期間，由於生活的時間感覺與自然時間接近，可因此獲得好處。但是對西日本居民而言，生活的時間感覺與自然時間反而擴大，有些地區認為導入夏令時間讓標準時間與地方時間的乖離擴大。

總結來說，在四季日照時間差異甚大的日本，至今未曾熱烈討論夏令時間的導入實在奇怪。

結語

追溯鐘錶的歷史讓我們了解在過去，鐘錶產業是時代的「最尖端產業」，是由具有極高能力的技術人員累積人類最高智慧的發明成果，因此方能達到今日的樣貌。

其中，希臘哲學大師柏拉圖製作了特殊的水鐘，天才發明家伽利略．伽利萊發現了鐘擺時鐘的基礎「單擺的等時性」原理都具有象徵性的意義。在此同時，天才伽利略絞盡腦汁始終未能製造出的鐘擺時鐘，後來則由惠更斯加上一點巧思終於完成，這也是技術累積奏效的一個典型例子。

從此以後，衆多優秀的職人與技術人員參與了鐘錶的研發，誕生了本書中介紹的各種劃時代技術。不過其中大多數技術人員的姓名遭人遺忘，只有研究成果被傳承下來，這一點倒是讓人惋惜。

習得鐘錶原理，製作出鐘錶實體的職人們被稱作鐘錶師。在中世紀的歐洲，鎖匠們在閒暇之餘開始製作時鐘作爲副業，很多鎖匠後來也成爲製鐘職人，不過要成爲技能優異且擁有企劃能力的一流鐘錶師，不僅須懂得時間與曆法的基礎知識，還必須學習物理、天文等廣泛的知識。

在這些鐘錶師當中，有些人更成為赫赫有名的時代寵兒，名字成了奢華鐘錶的品牌。典型的例子有Breguet（寶璣）、Blancpain（寶珀）。尤其是路易．寶璣（Abraham-Louis Breguet），他在十五歲學習鐘錶技術，除了擅長製作複雜的鐘錶外，還有各種發明，許多都是劃時代的創舉。例如上鍊游絲、陀飛輪（Tourbillon）、自動上鍊機構、寶璣針（在指示針前端開孔能吸引目光的針）等。他的設計素養也傑出耀眼，設計出眾多獨特的款式。而且讓人驚訝的是，寶璣的基本設計超越時代，即使到了今天也未曾落伍。

相對地，日本和時鐘的鐘錶師們就沒有這麼幸運了。在本文中介紹過，日本在江戶時代採用了「不定時法」的時刻制度，所以製作了世界罕見的「和時鐘」。這類和時鐘種類多元，包括櫓時計、尺時計、枕時計、座鐘、香盤鐘、線香鐘、漏刻、日時計、印籠時計等五花八門，當時從事時鐘製造的職人應該也不在少數。而且，製作不定時法的時鐘必須竭盡智慧與獨特的巧思，同時還須發明必要的機構。換句話說，和時鐘的製鐘師擁有相當的技能與高度的知識水準。在日本以纖維和木工產業為主流的時代，除了時鐘製作外，從事金屬加工的職人只有槍炮師傅和鍛冶師傅而已吧。

不過因爲明治維新的緣故，日本在明治五年（一八七二年）改採基督紀年的西曆（導入西歐的定時法），之後和時鐘就遭到冷落。來自歐美的時鐘傳入日本後，日本也開始參考歐美的時鐘進行製造。但是這些製造時鐘的生意或製造鐘都見不到和時鐘製鐘師的斧鑿痕跡，這些製鐘師後來的動向也下落不明。這對鐘錶業界而言也是一個謎團，若有機會我希望能探尋他們的蹤跡。這些和時鐘製鐘師後來大概轉身投入其他領域，在高度技能無法一展長才之下被新時代的浪潮吞沒了吧。

這當中唯一可介紹的是足跡明確、製作了和時鐘最高傑作「萬年自鳴鐘」（展示於日本國立科學博物館）的田中久重。久重在寬政十一年（一七九九年）誕生於九州久留米的龜甲飾品師傅家庭，他製作了各種精巧的機關人偶令人讚嘆，獲得「機關儀右衛門」的美譽。後來，他前往大阪、京都學習機械工學、天文曆等，除了發明了消防泵浦、無盡燈（自動供油的油燈）等機械外，還製作了機械鐘。讓久重聲名遠播的是他在嘉永四年（一八五一年）完成的「萬年自鳴鐘」。

「萬年自鳴鐘」是一個上一次發條就能持續運行四百天（實際約爲七十五天）的六

角柱形座鐘。在六個面的鐘面上能顯示天象儀、月齡（Moon's age）、和時計（不定時法）、二十四節氣、十二支、洋時計（定時法）、星期七種功能。這座鐘使用高達一千個零件，除了沿用外國產品外，還有久重與弟子們分工製作的零件。日本改採西曆以後，久重不再製作時鐘，於一八七三年成立了田中製作所，運用他所擅長的機械技術製造各種產品（該公司後來改名爲芝浦製作所，爲後來東芝重電部門的前身）。

隨著時代腳步的大幅邁進，鐘錶開始量產，鐘錶師的人數也明顯減少。在製造現場，技術比技能更受到重視，製造的結構也分工爲技術開發人員、機械設計人員、設計師、零件製造技術人員、組裝人員等。這讓鐘錶的價格下滑而逐漸普及開來，而且以團隊進行開發也促成了石英鐘錶這類創新技術的誕生。

今日的鐘錶業界是石英鐘錶的全盛期。在此同時，也存在著不隸屬於任何廠牌、一個人獨力製作所有零件、製造鐘錶成品的「獨立鐘錶師」，他們的作品備受關注。獨立鐘錶師的作品精度雖然比不上石英鐘錶，但是設計卻獨一無二，耗費工夫打磨，這樣的鐘錶具備了量產品所沒有的溫暖與味道。因此，儘管鐘錶師名人的作品價格昂貴驚人，依然有買家願意蒐集、購買。這當中技能的高超、獨創性遠較技術水準更受重視，更能博得好評。

擁有約五千年歷史的時鐘至今在外觀上沒有太大改變，但是在各種價值觀的支持下，不同年代的時鐘都呈現出不同的新魅力。我在書寫本書原稿的過程中，回顧漫長的鐘錶歷史，也重新咀嚼了鐘錶的神奇奧妙。

最後要感謝講談社提出本書企劃的家中信幸先生，以及在取材與資料提供給予幫助的各位女士先生，在此要再度致上我的深深謝意。

二〇一七年十一月

作者

參考資料

【第18頁13行至19頁3行、52頁1行至53頁3行】
ジャック・アタリ『時間の歴史』蔵持不三也訳、原書房、1986年
【28頁5行至7行、33頁13行至34頁9行】
エルンスト・ユンガー『砂時計の書』今村孝訳、講談社学術文庫、1990年
【38頁3行至39頁2行】
十亀好雄『ふしぎな花時計』青木書店、1996年
【41頁10行至42頁1行】
アレグザンダー・ウォー『刺激的で、とびっきり面白い時間の話』空野羊訳、はまの出版、2001年
【43頁7行至45頁9行】
横山正「バロックの街かど」（横山正編『時計塔—都市の時を刻む』鹿島出版会、1986年に収録）
【55頁10行至56頁1行、64頁4行至13行】
小林敏夫『基礎時計読本 改訂増補版』グノモン社、1997年
【66頁4行至5行】
佐々木勝浩「精密天文振り子時計」（ワールドフォトプレス「世界の腕時計No.33」1998年に収録）
【70頁10行至71頁2行、72頁8行至13行】
デーヴァ・ソベル『経度への挑戦』藤井留美訳、翔泳社、1997年
【111頁10行至112頁7行】
ディヴィット・M・ニコルソン「アメリカ鉄道時計物語」香山知子訳（ワールドフォトプレス「世界の腕時計No.2」1990年に収録）
【156頁2行至9行】
沼上幹『液晶ディスプレイの技術革新史』白桃書房、1999年
【關於原子鐘】
細川瑞彦「時、そして原子時計」2017年７月14日講演資料
国立研究開発法人情報通信研究機構 ＮＩＣＴ ＮＥＷＳ
吉村和昭・倉持内武・安居院猛『図解入門　よくわかる最新電波と周波数の基本と仕組み』秀和システム、2004年
【關於光晶格光頻原子鐘】
香取創造時空間プロジェクト　ホームページ
科学技術振興機構、東京大学大学院工学系研究科、理化学研究所、国土交通省国土地理院、先端光量子科学アライアンス共同プレスリリース「超高精度の『光格子時計』で標高差の測定に成功」（2016年８月16日発表）

索引

國家圖書館出版品預行編目資料

鐘錶的科學：錶面底下隱藏著時間的祕密，科學如何用尖端的技術追求<分秒不差>／織田一朗著；黃怡筠譯.
－初版.－臺中市：晨星出版有限公司，2022.12
面；公分.－（知的！；200）

譯自：時計の科学

ISBN 978-626-320-281-8（平裝）

1.CST: 鐘錶 2.CST: 精密機械工業 3.CST: 技術發展 4.CST: 歷史

471.209　　111016343

知的！200

鐘錶的科學

錶面底下隱藏著時間的祕密，科學如何用尖端的技術追求〈分秒不差〉

時計の科学

作者　織田一朗
內文設計　齋藤ひさの（STUDIO BEAT）
內文圖版　さくら工芸社
譯者　黃怡筠
編輯　吳雨書
封面設計　ivy_design
美術設計　曾麗香

掃描QR code填回函，
成爲晨星網路書店會員，
即送「晨星網路書店 Ecoupon 優惠券」
一張，同時享有購書優惠。

創辦人　陳銘民
發行所　晨星出版有限公司
407台中市西屯區工業30路1號1樓
TEL：（04）23595820
FAX：（04）23550581
http://star.morningstar.com.tw
行政院新聞局局版台業字第2500號
法律顧問　陳思成律師
初版　西元2022年12月15日　初版1刷

讀者服務專線　TEL：（02）23672044 /（04）23595819#212
讀者傳真專線　FAX：（02）23635741 /（04）23595493
讀者專用信箱　service @morningstar.com.tw
網路書店　http://www.morningstar.com.tw
郵政劃撥　15060393（知己圖書股份有限公司）

印刷　上好印刷股份有限公司

定價370元

ISBN 978-626-320-281-8
《TOKEI NO KAGAKU HITO TO JIKAN NO 5000NEN NO REKISHI》